机械 CAD/CAM 技术实训习题集

主　编　陶　华　赵松涛
参　编　杨德辉　廖　波
　　　　梁军华　李小强
　　　　张顺宁

北京理工大学出版社
BEIJING INSTITUTE OF TECHNOLOGY PRESS

版权专有 侵权必究

图书在版编目（CIP）数据

机械 CAD/CAM 技术实训习题集 / 陶华，赵松涛主编．—北京：北京理工大学出版社，2024.2重印
ISBN 978－7－5682－4539－5

Ⅰ．①机…　Ⅱ．①陶…②赵…　Ⅲ．①机械设计-计算机辅助设计-习题集②机械制造-计算机辅助制造-习题集　Ⅳ．①TH122－44②TH164－44

中国版本图书馆 CIP 数据核字（2017）第 191501 号

出版发行 / 北京理工大学出版社有限责任公司	
社　　址 / 北京市海淀区中关村南大街 5 号	
邮　　编 / 100081	
电　　话 / （010）68914775（总编室）	
（010）82562903（教材售后服务热线）	
（010）68948351（其他图书服务热线）	
网　　址 / http：//www.bitpress.com.cn	
经　　销 / 全国各地新华书店	
印　　刷 / 三河市天利华印刷装订有限公司	
开　　本 / 787 毫米×1092 毫米　1/16	责任编辑 / 赵　岩
印　　张 / 10	文案编辑 / 梁　潇
字　　数 / 237 千字	责任校对 / 周瑞红
版　　次 / 2024 年 2 月第 1 版第 5 次印刷	责任印制 / 李志强
定　　价 / 32.00 元	

图书出现印装质量问题，请拨打售后服务热线，本社负责调换

前　　言

当前，CAD/CAM 技术得到广泛应用，国内外开发了众多的 CAD/CAM 软件，针对这些软件市场上均有各种各样的教材或参考资料，但大部分都有一个共同的缺陷：书中提供的练习素材不够详细。这就使得读者在使用时极为不便，无法进行有效的练习。针对这种情况，本书作者结合自身多年的教学经验，参考众多同行的技术资料，精心编写了本习题集。

CAD/CAM 软件的学习必须进行大量的实际操作和练习，只有这样才能又好又快地掌握软件的应用，因此，大量合理、翔实的练习素材是学习 CAD/CAM 软件的必备。同时，为了与实际生产紧密结合，让读者能在最短的时间内适应企业的实际要求，在学习过程中使用的练习素材必须来自生产一线。本习题集的编写正是基于这样的背景，以装备制造业高职人才培养作为理论基础，注重实际应用，注重引导学生进行自我提高，着重培养学生的自主学习能力。

全习题集内容丰富，以学习单元的形式进行编写，适合广大技术院校的教学需要。学习单元一为机械零件二维视图绘制，学习单元二为典型机械零件的三维实体造型，学习单元三为典型机械零件的三维曲面造型，学习单元四为机械部件装配图绘制，学习单元五为平面零件的铣削加工，学习单元六为典型曲面零件的铣削加工，学习单元七为 CAD/CAM 技术综合实践，内容由浅入深，循序渐进，安排合理。此外，为了更进一步提高学生应用软件的能力，本习题集最后一个单元提供了一套综合实训的练习素材，该单元的练习难度大于前面的学习单元，能够更有效地对学生进行训练。

本书由学校教师和企业高级工程师编写，作者或多年从事机械类专业课程及 CAD/CAM 软件的教学工作，或常年在企业从事 CAD/CAM 软件的应用工作，具有丰富的教学和应用经验，因而本书更好地做到了理论与实践相结合，软件应用与工程设计相结合，紧紧把握基础知识和实践技能"两条主线"的系统培养。

全书由四川工程职业技术学院陶华、赵松涛担任主编，负责习题集的统稿，参与编写的还有四川工程职业技术学院杨德辉、廖波、梁军华、李小强，中国第二重型集团公司设计研究院的张顺宁高级工程师参与了编写工作。

本习题集适用于机械类各层次、各专业的 CAD/CAM 技术课程教学，也可供广大工程技术人员学习 CAD/CAM 软件时作为参考。

由于编者水平有限，书中的错误和疏漏之处在所难免，恳请广大读者和同行批评指正，以便改版时更正。

目　　录

学习单元一　机械零件二维视图绘制 …………………………………………………………… 1
学习单元二　典型机械零件的三维实体造型 …………………………………………………… 16
学习单元三　典型机械零件的三维曲面造型 …………………………………………………… 58
学习单元四　机械部件装配图绘制 ……………………………………………………………… 85
学习单元五　平面零件的铣削加工 ……………………………………………………………… 100
学习单元六　典型曲面零件的铣削加工 ………………………………………………………… 116
学习单元七　CAD/CAM 技术综合实践 ………………………………………………………… 123

学习单元一　机械零件二维视图绘制

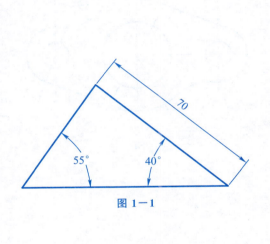

图 1−1

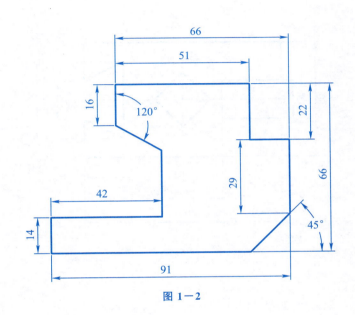

图 1−2

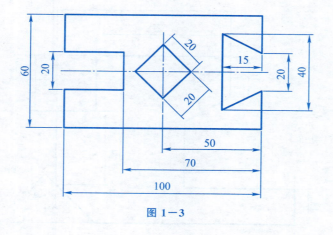

图 1-3

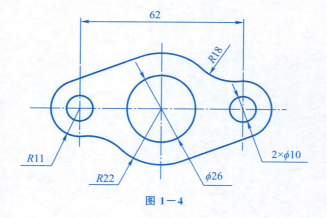

图 1-4

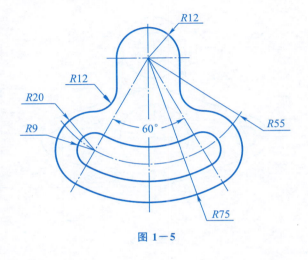

图 1-5

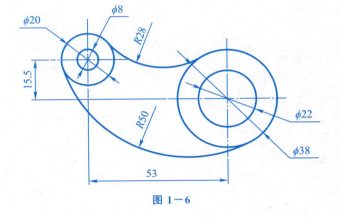

图 1-6

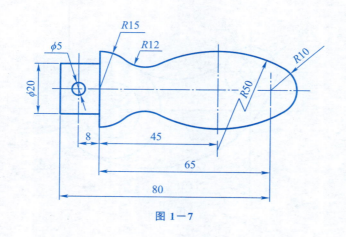

图 1-7

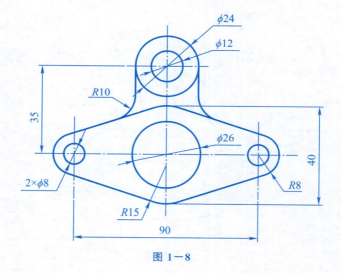

图 1-8

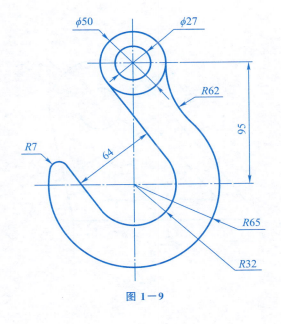

图 1-9

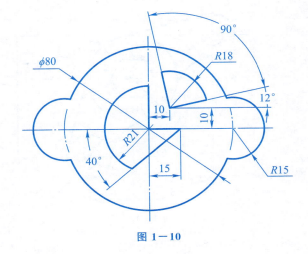

图 1-10

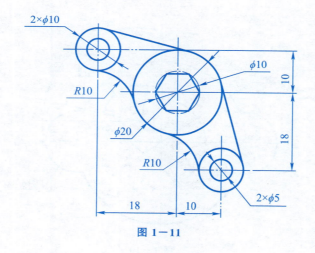

图 1—11

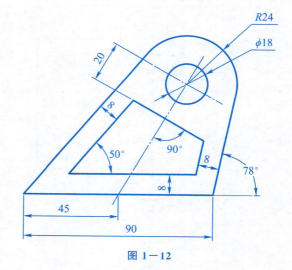

图 1—12

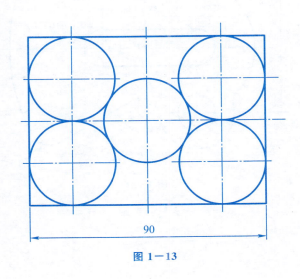

图 1-13

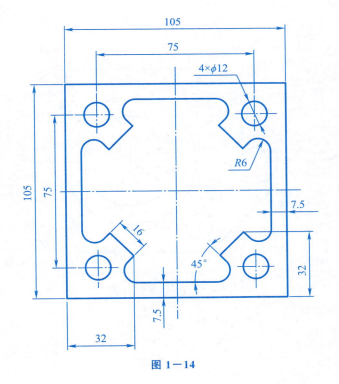

图 1-14

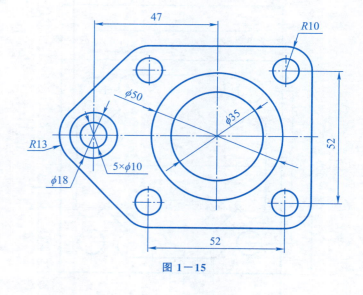

图 1-15

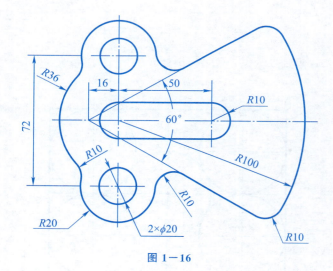

图 1-16

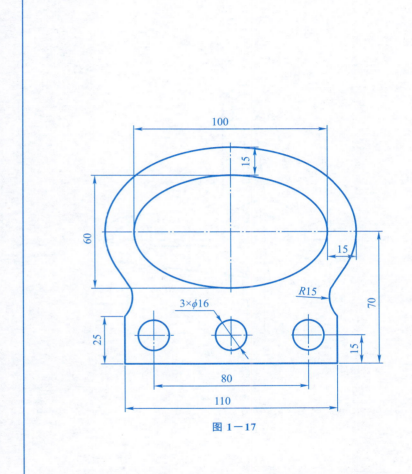

图 1-17

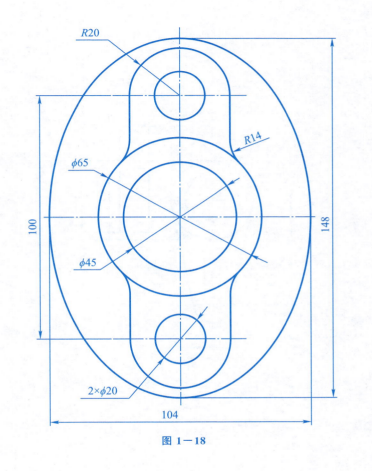

图 1-18

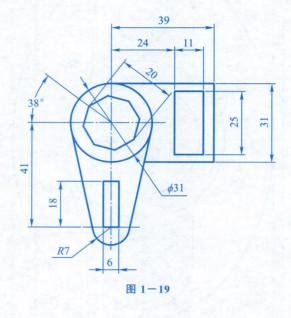

图 1-19

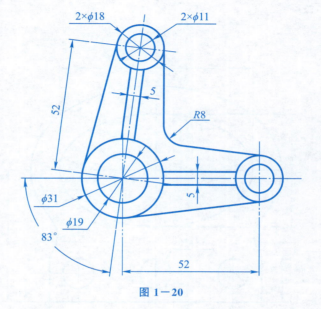

图 1-20

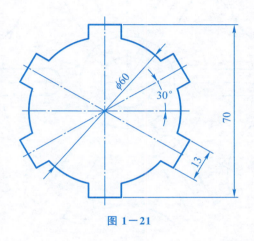

图 1—21

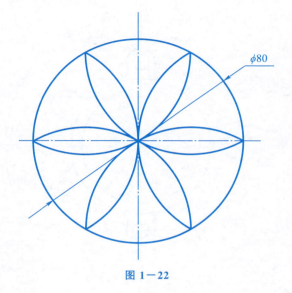

图 1—22

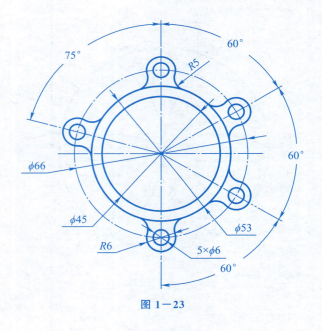

图 1—23

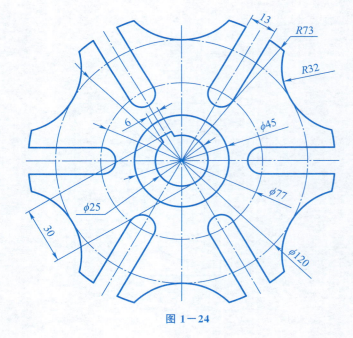

图 1—24

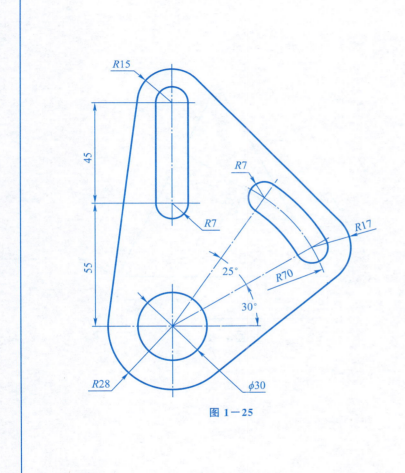

图 1—25

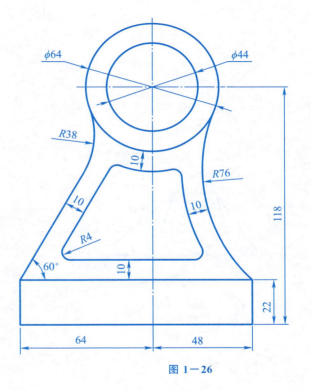

图 1—26

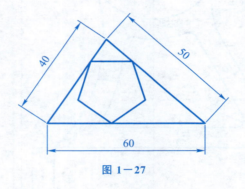

图 1—27

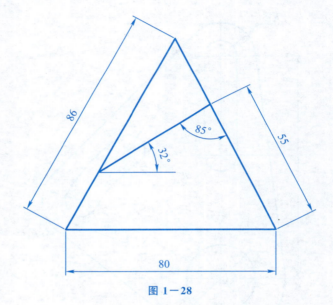

图 1—28

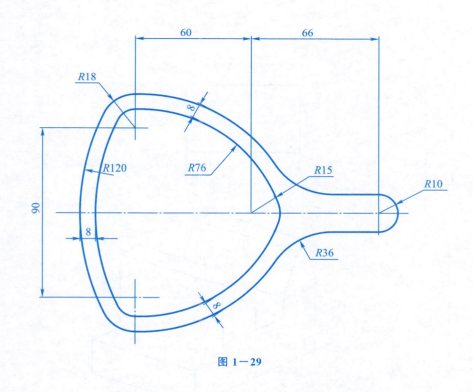

图 1—29

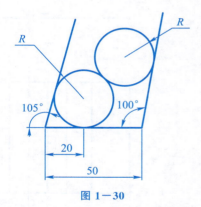

图 1—30

学习单元二 典型机械零件的三维实体造型

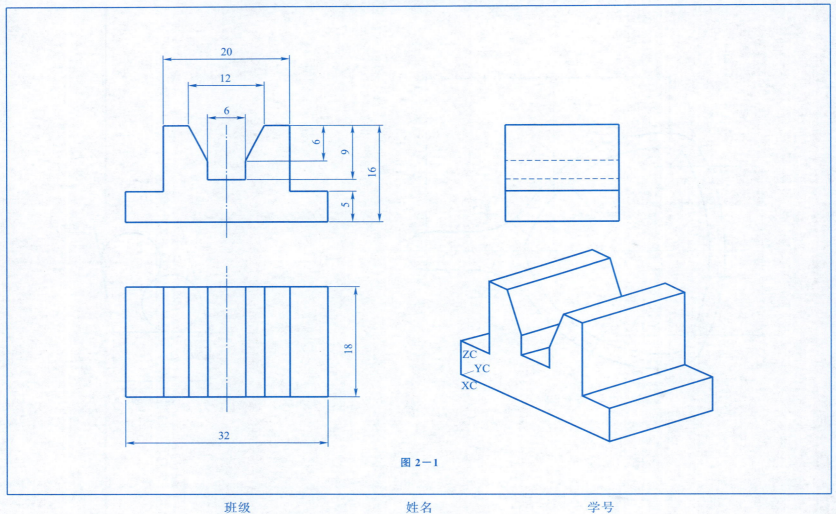

图 2—1

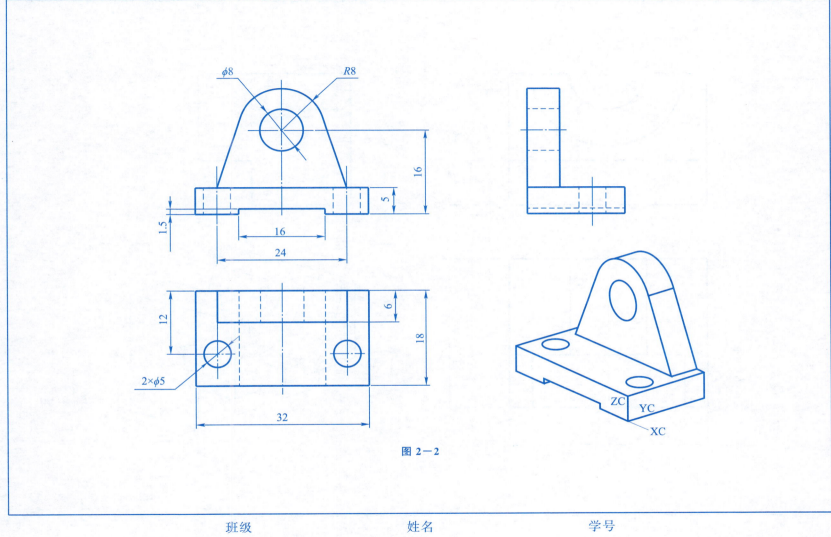

图 2—2

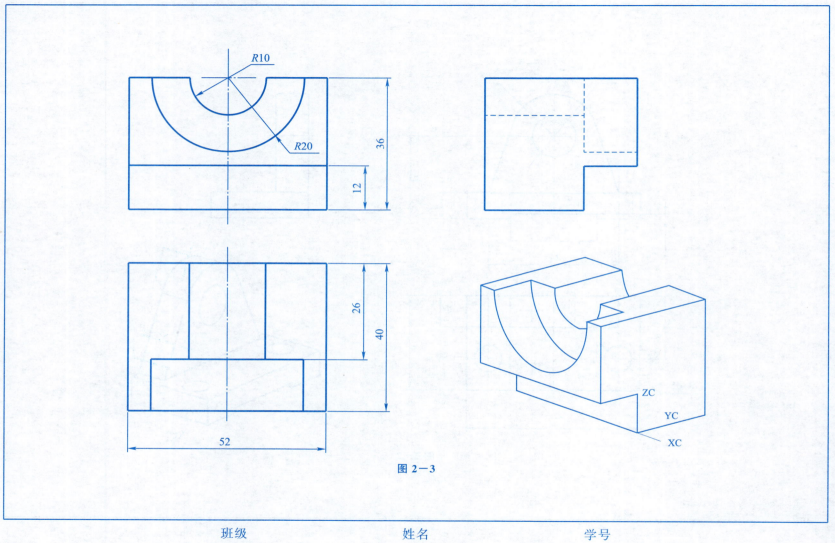

图 2-3

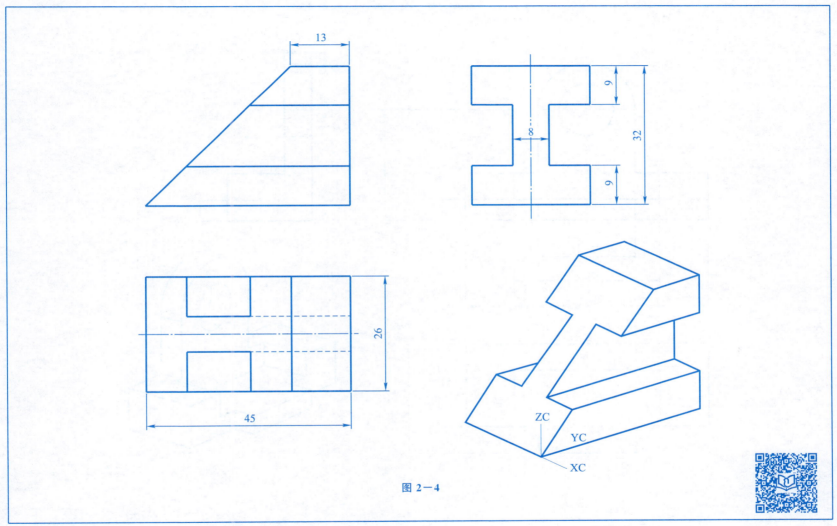

图 2-4

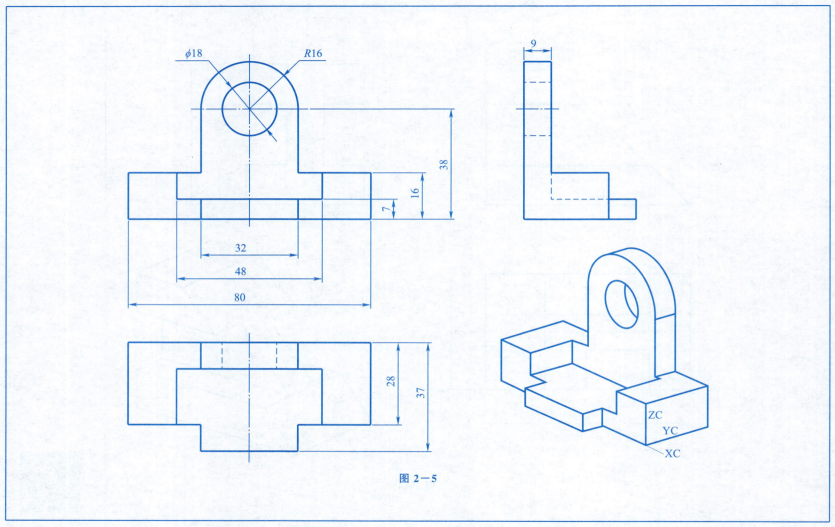

图 2—5

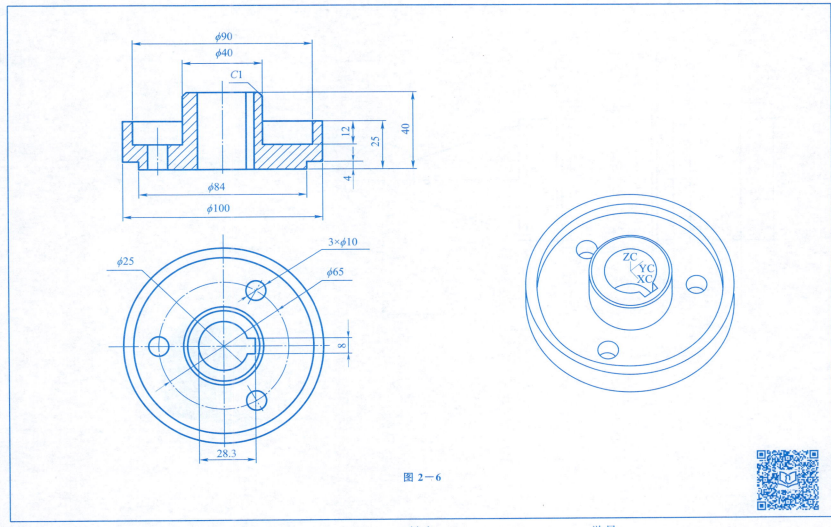

图 2-6

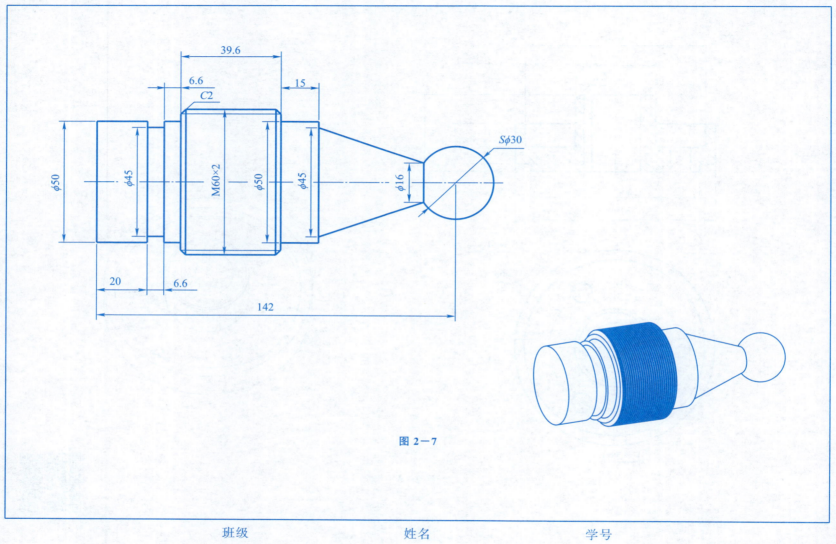

图 2—7

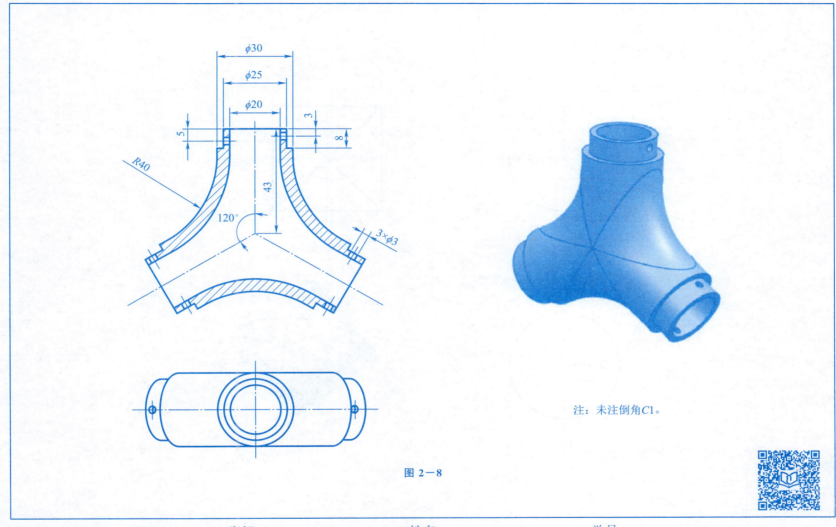

注：未注倒角C1。

图 2-8

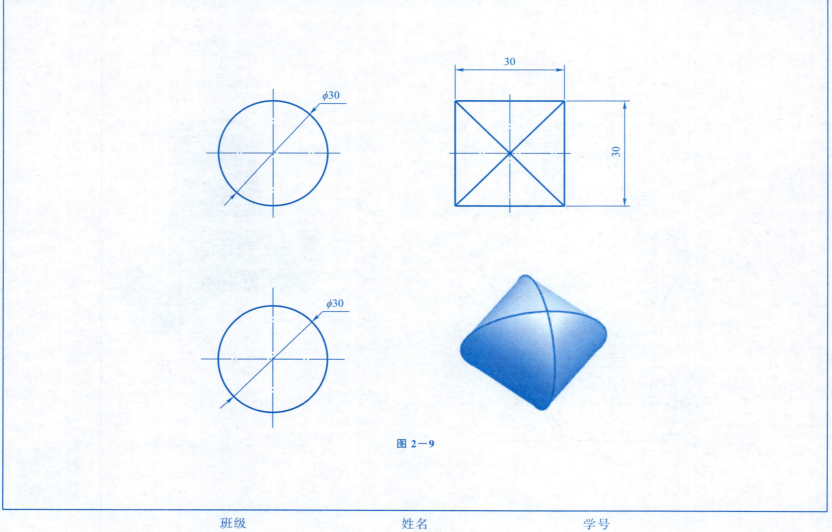

图 2—9

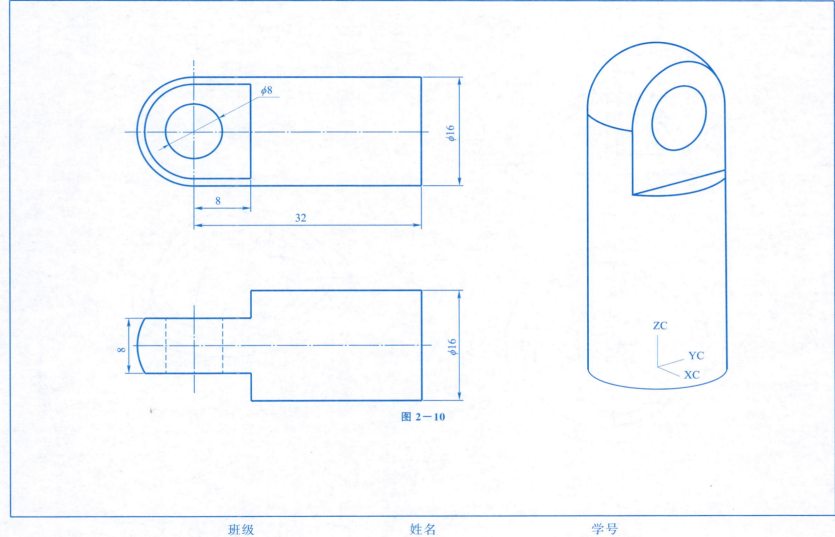

图 2-10

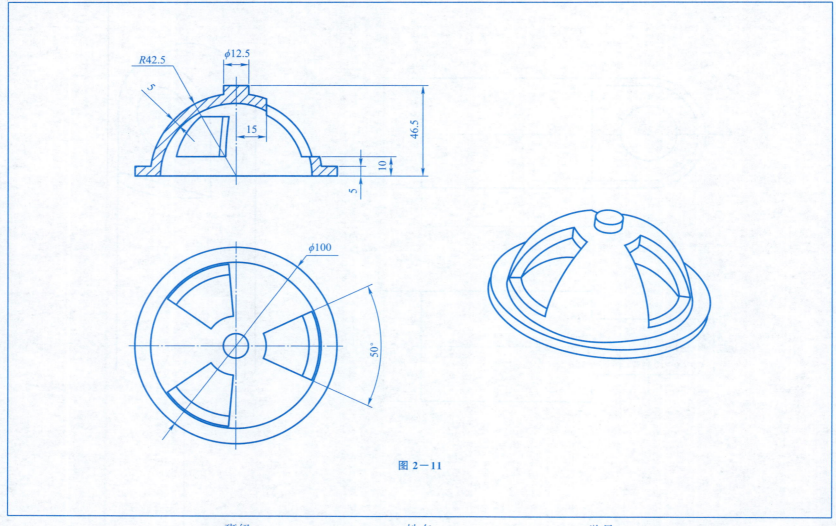

图 2—11

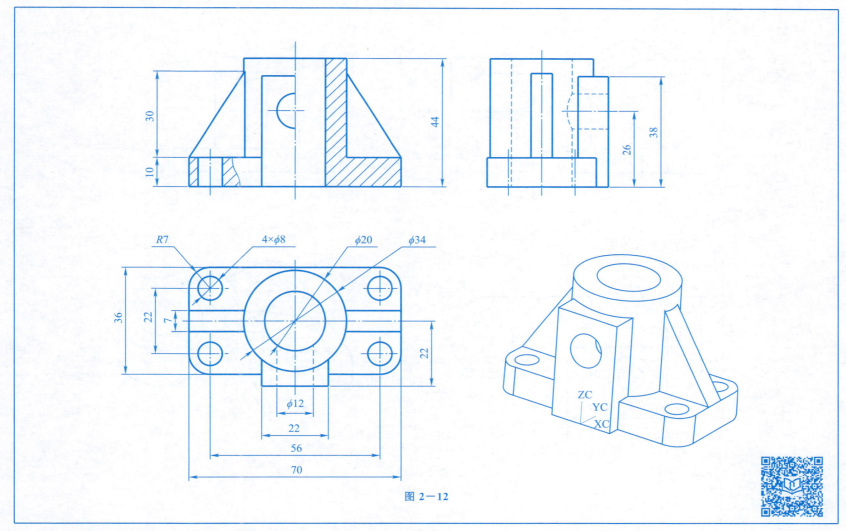

图 2-12

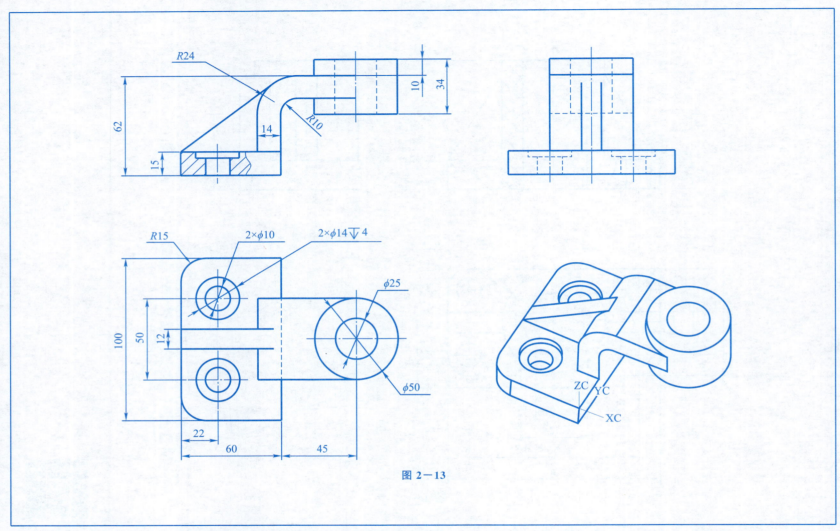

图 2-13

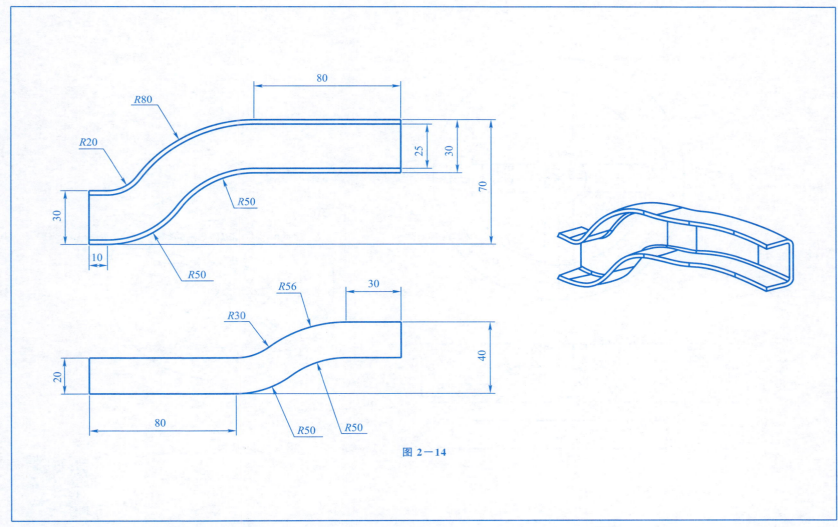

图 2-14

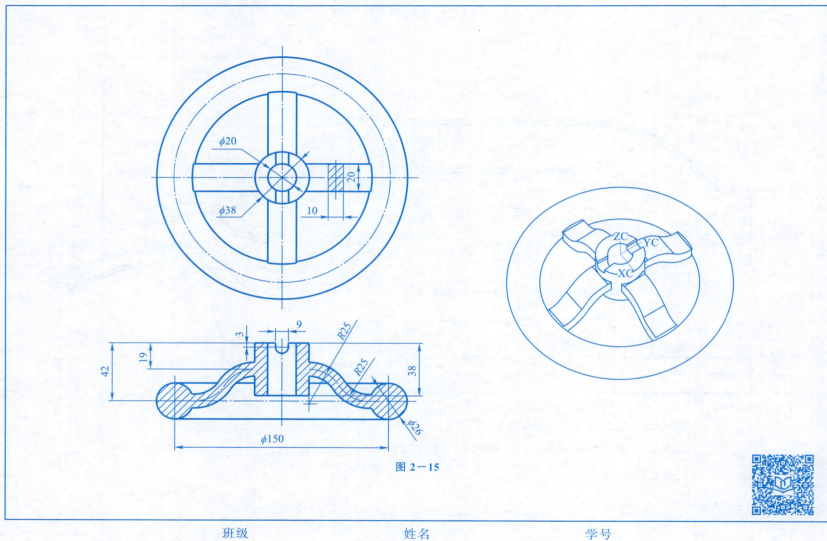

图 2—15

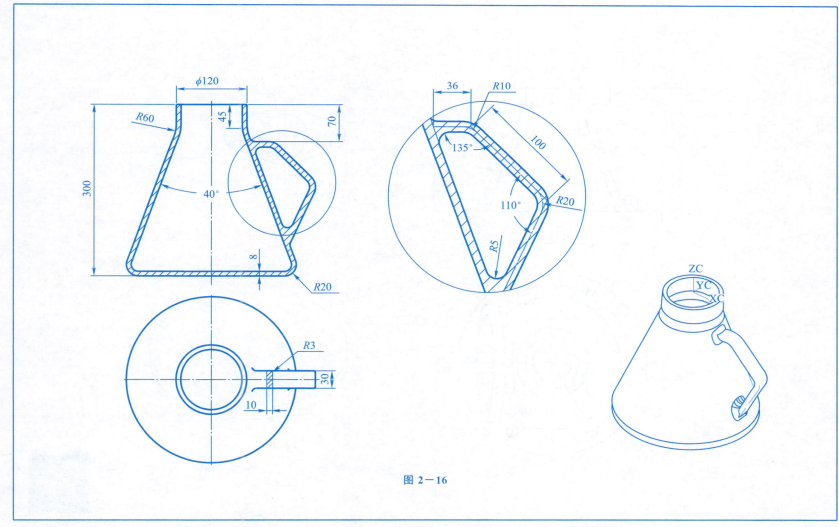

图 2-16

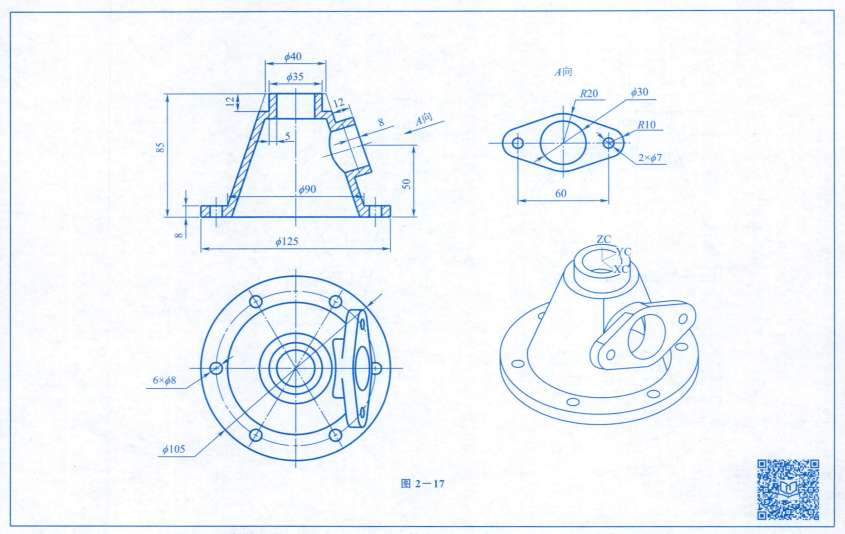

图 2-17

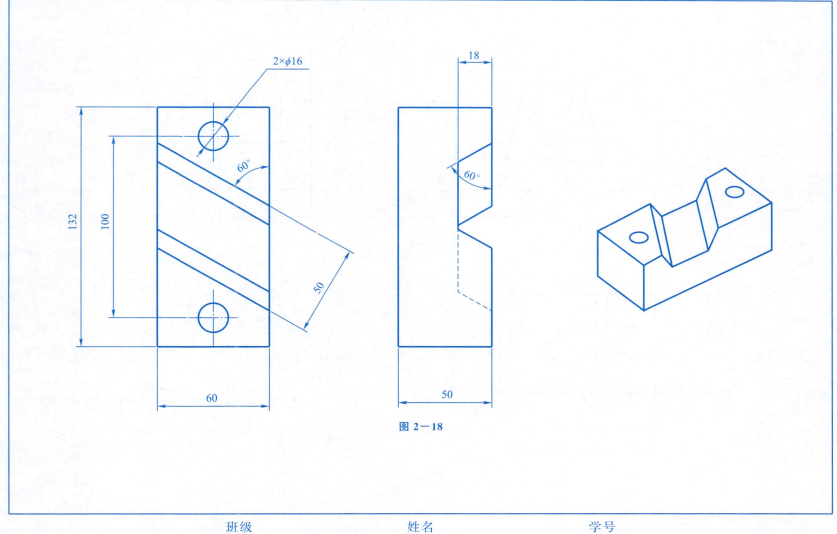

图 2-18

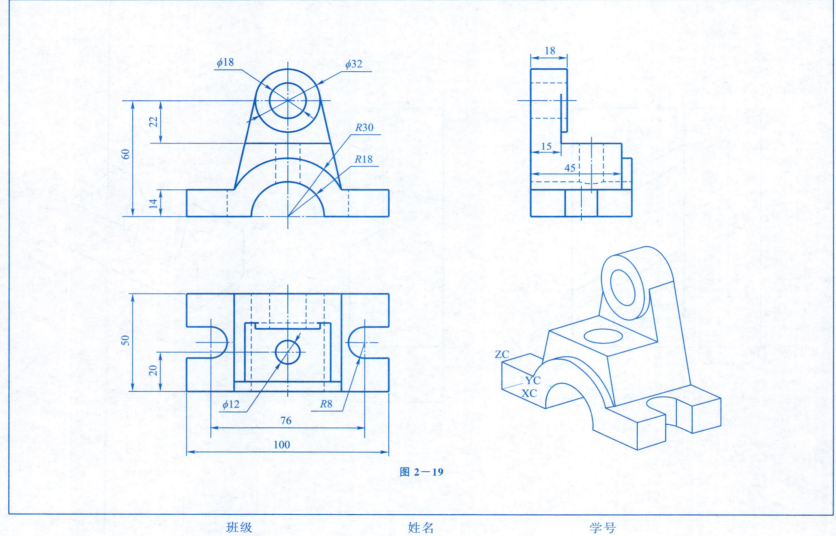

图 2−19

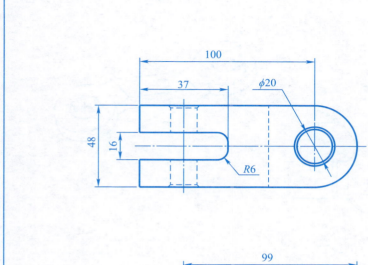

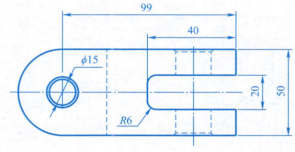

图 2—20

注：未注圆角R2，
　　未注倒角C1。

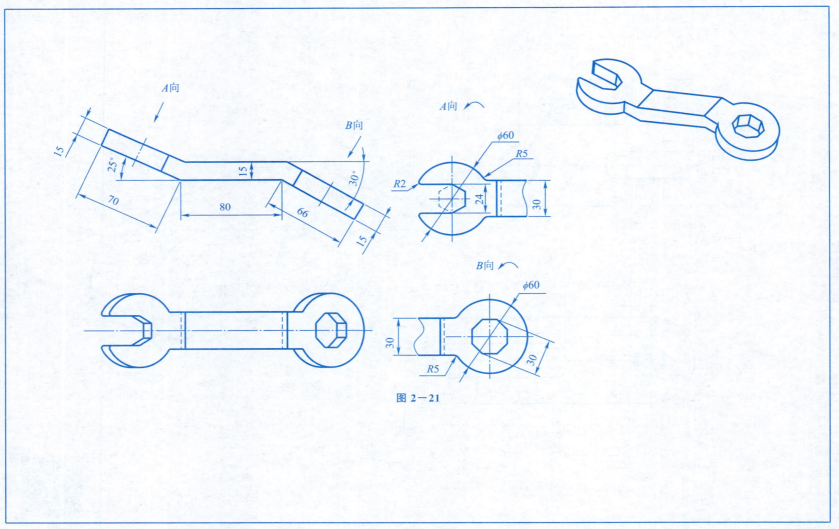

图 2-21

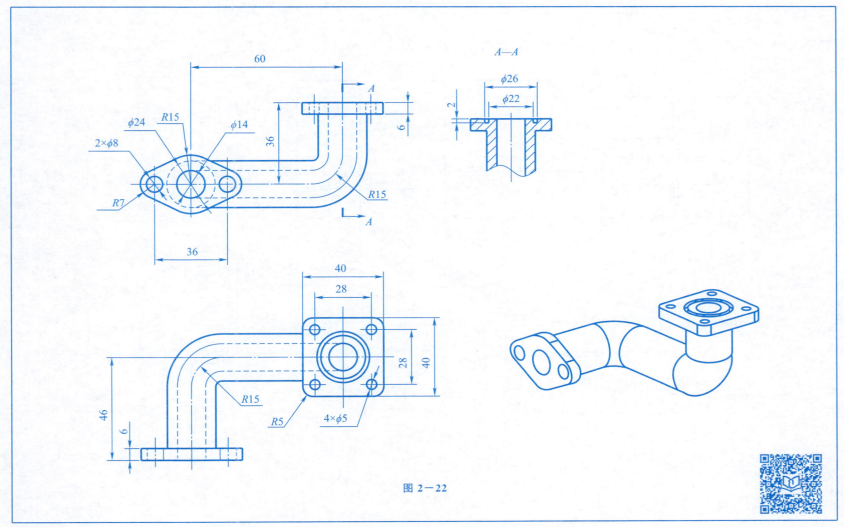

图 2-22

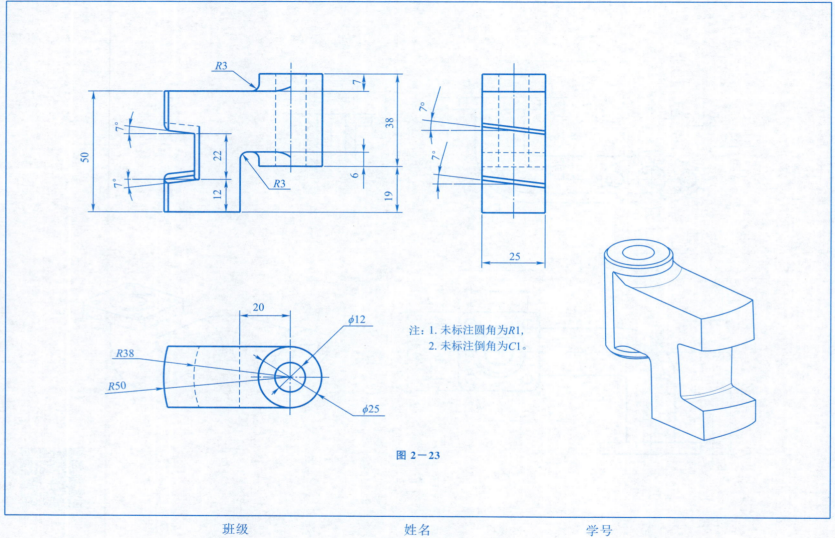

注：1. 未标注圆角为R1，
2. 未标注倒角为C1。

图 2-23

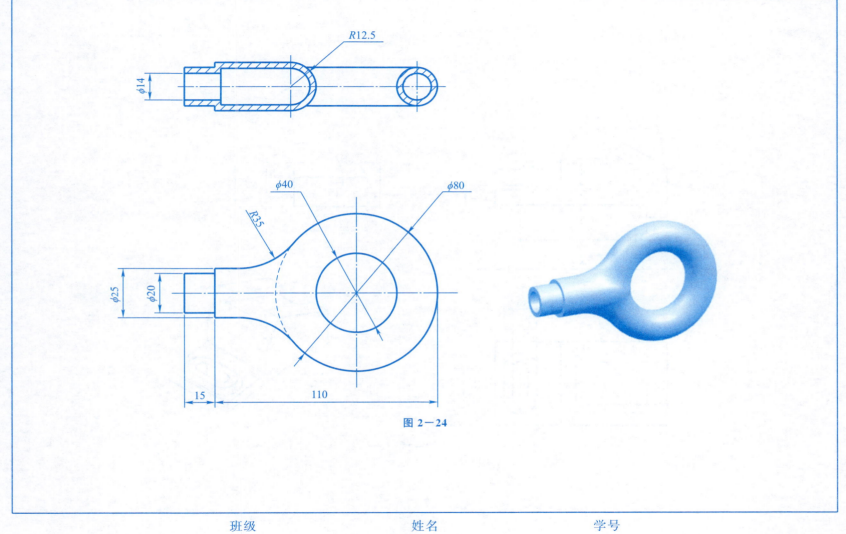

图 2—24

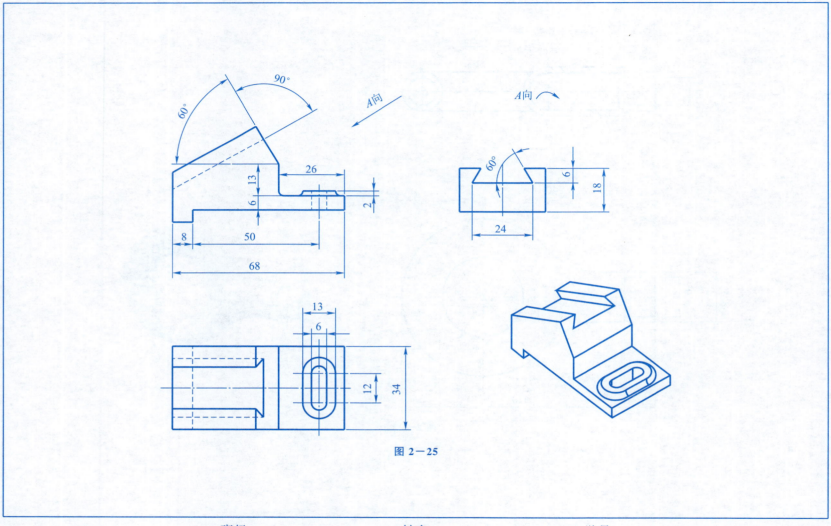

图 2-25

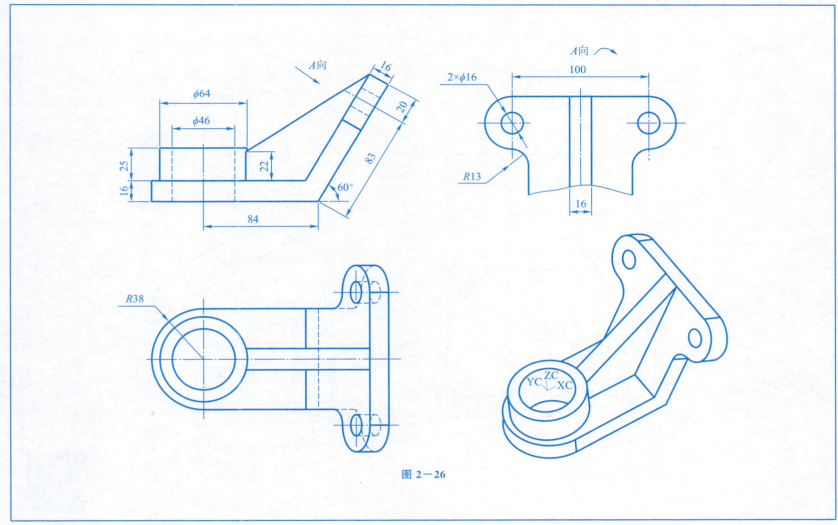

图 2-26

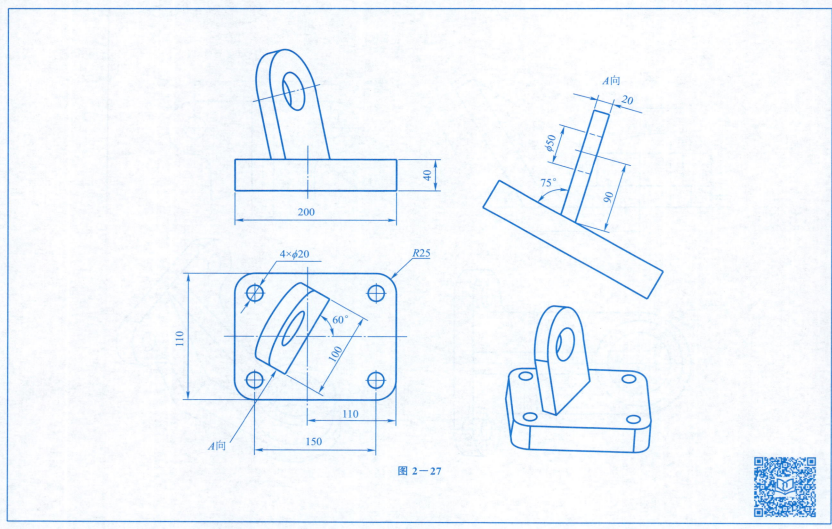

图 2—27

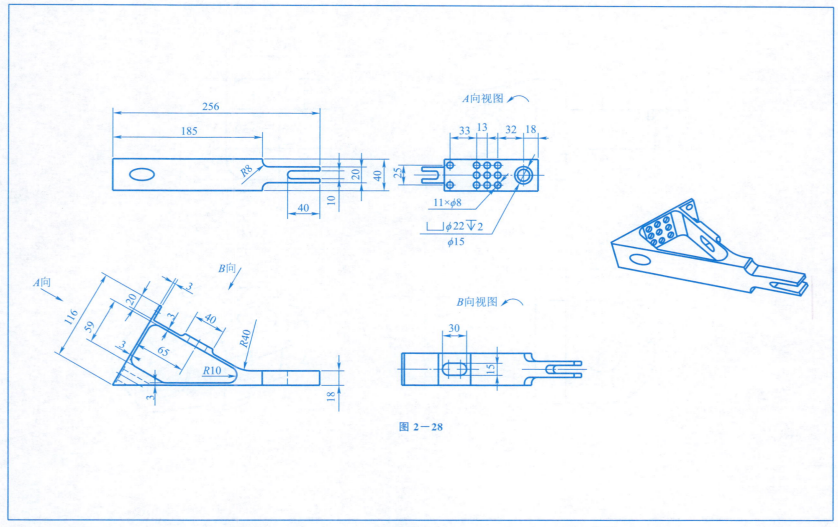

图 2-28

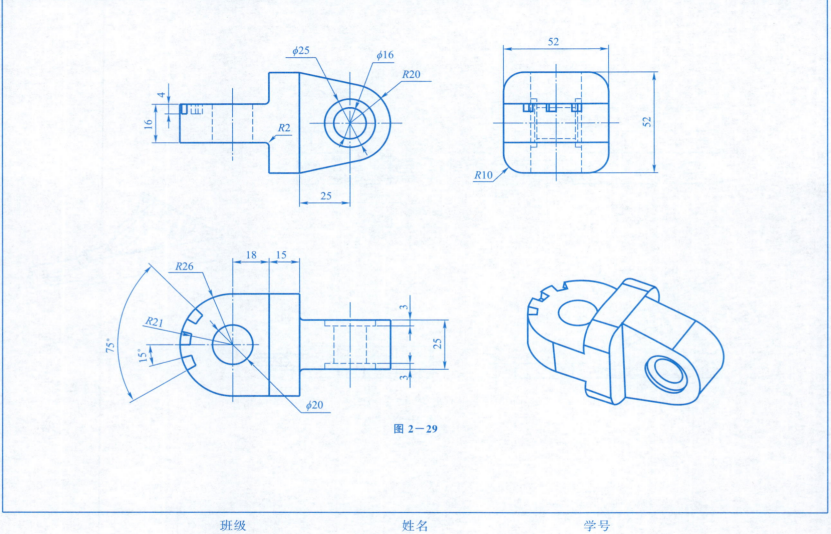

图 2-29

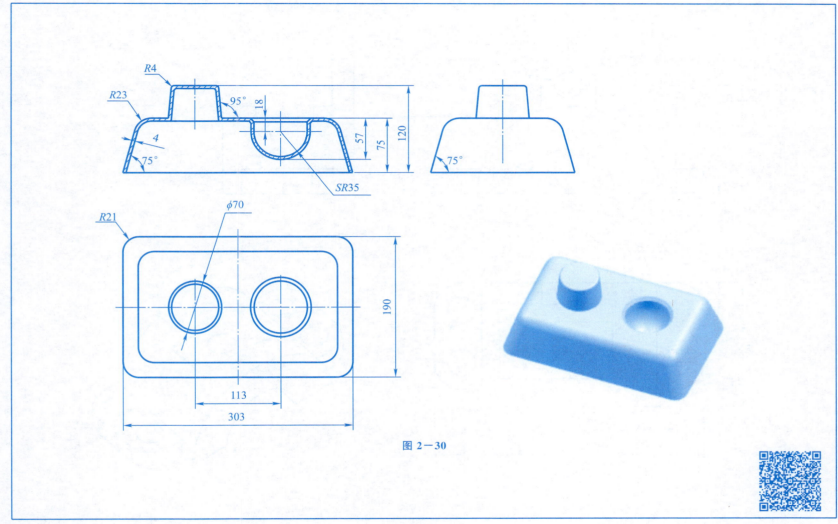

图 2−30

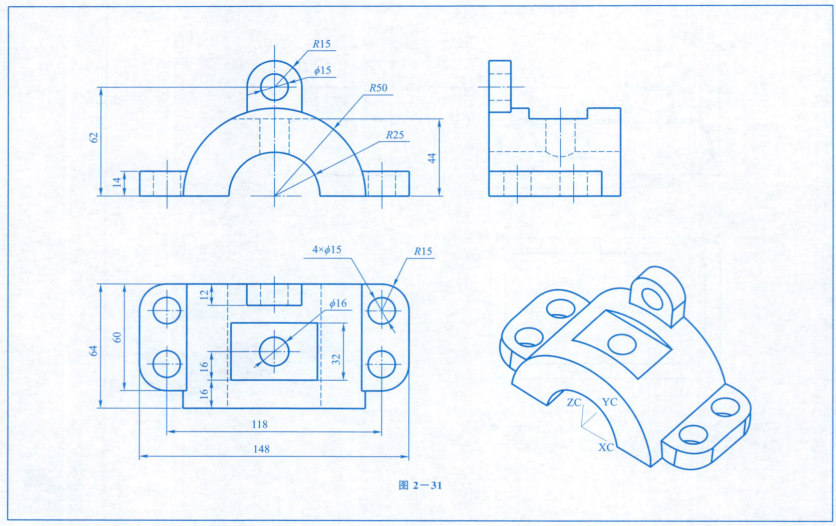

图 2-31

班级　　　　　姓名　　　　　学号

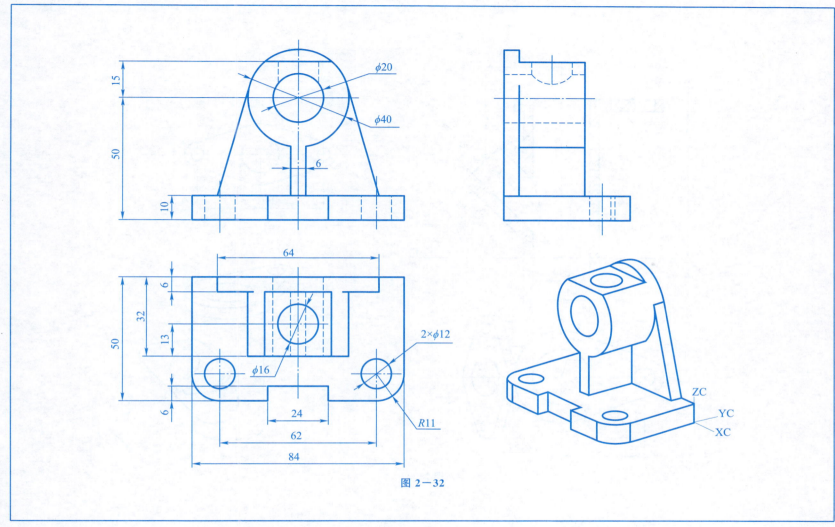

图 2-32

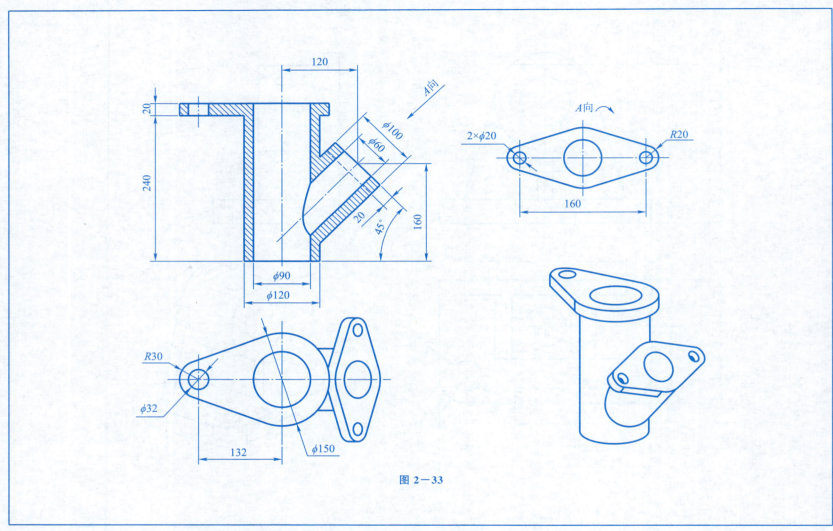

图 2—33

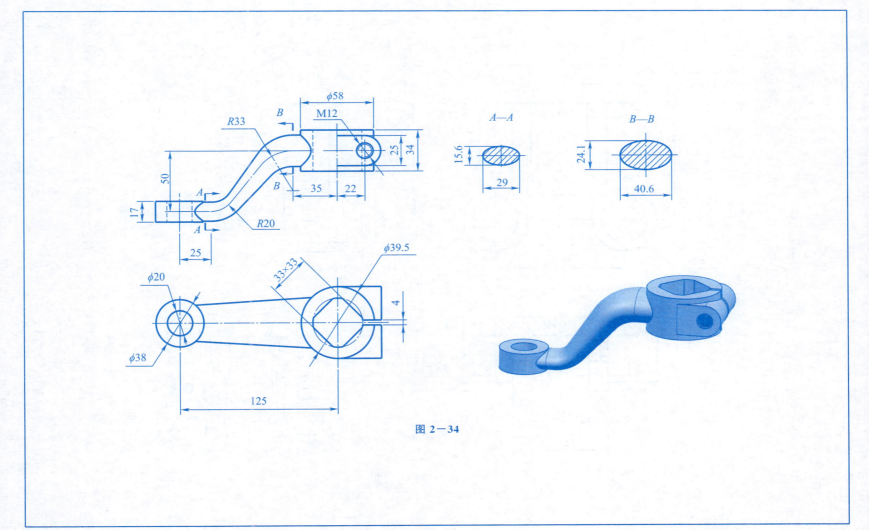

图 2—34

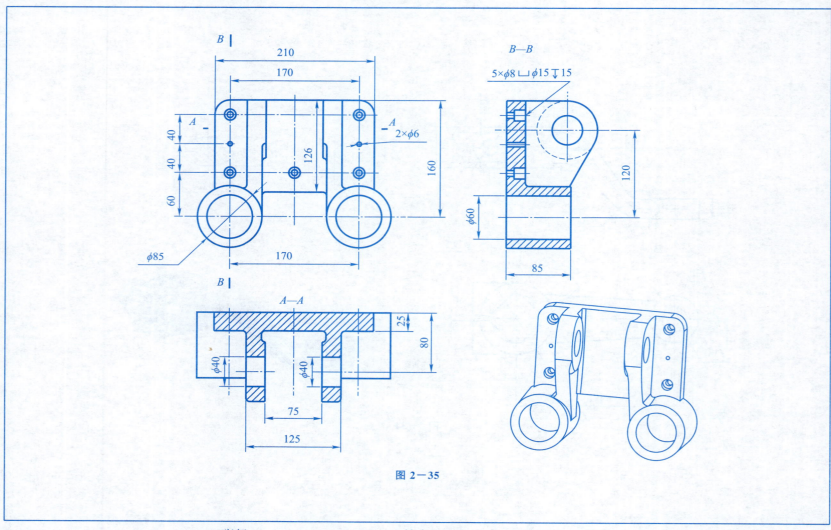

图 2-35

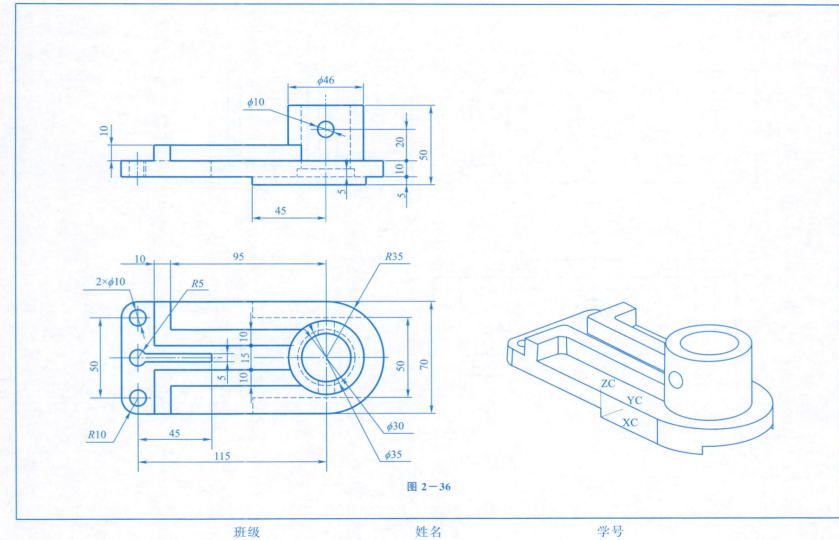

图 2-36

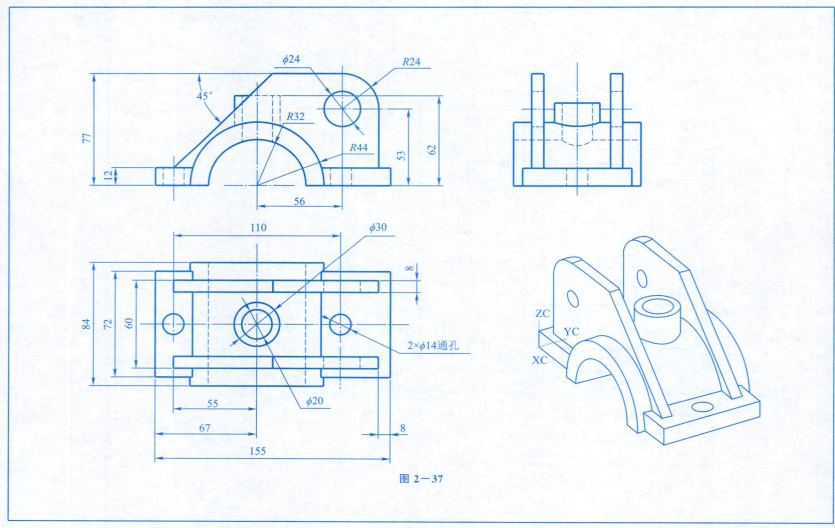

图 2-37

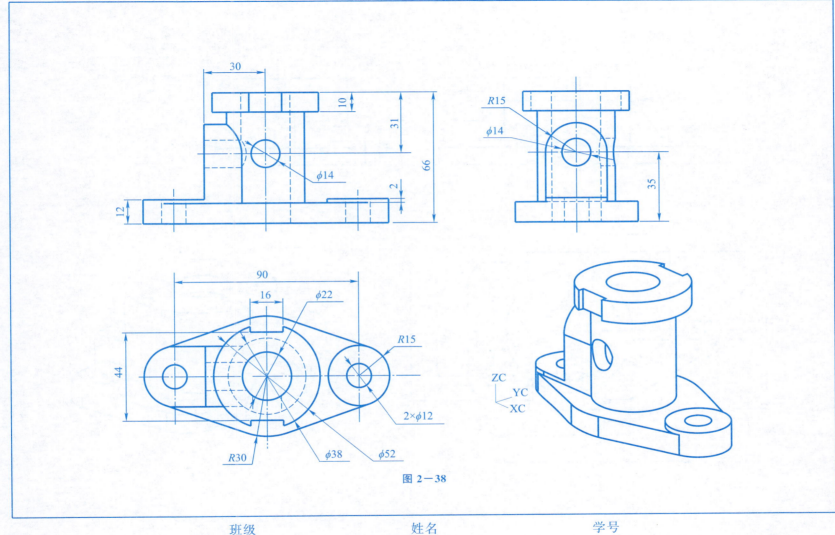

图 2-38

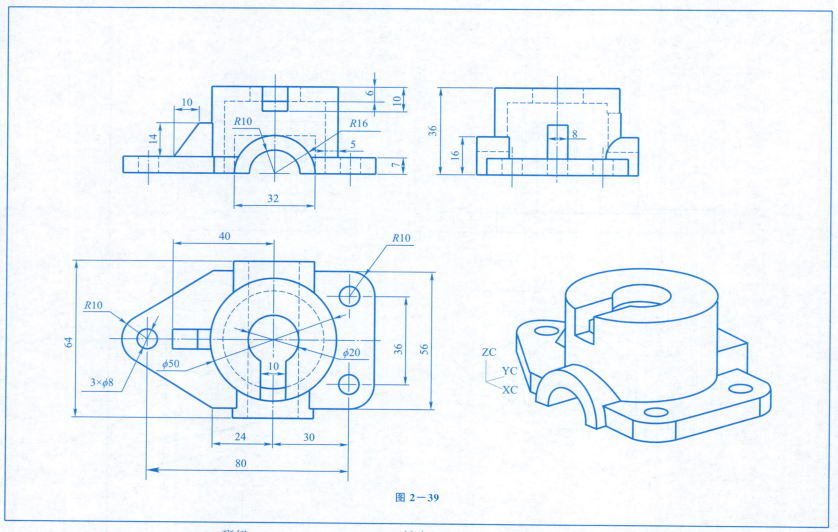

图 2—39

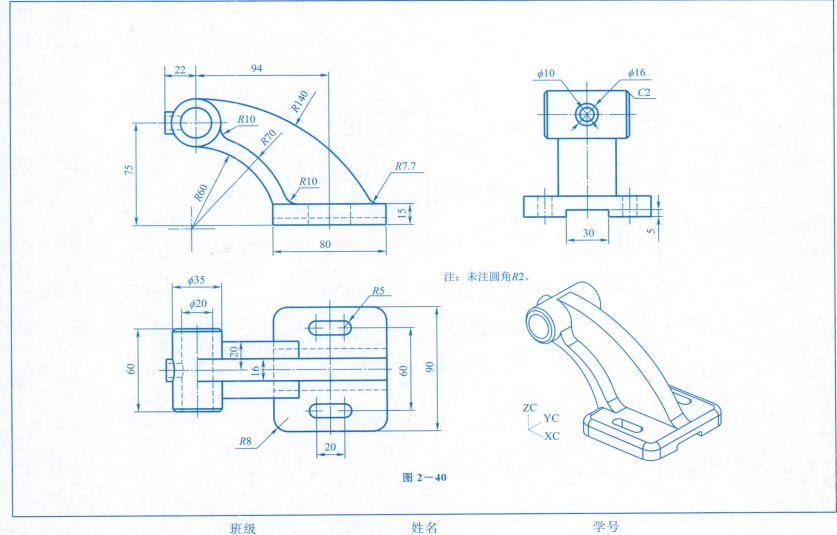

图 2—40

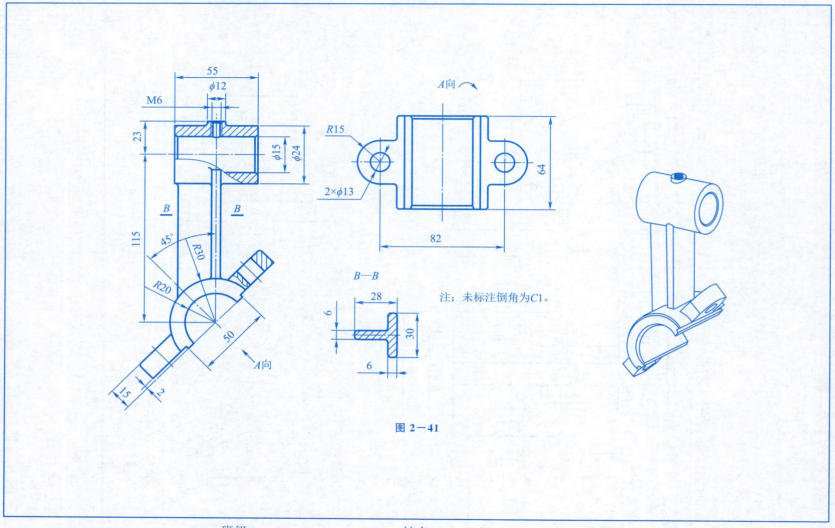

图 2−41

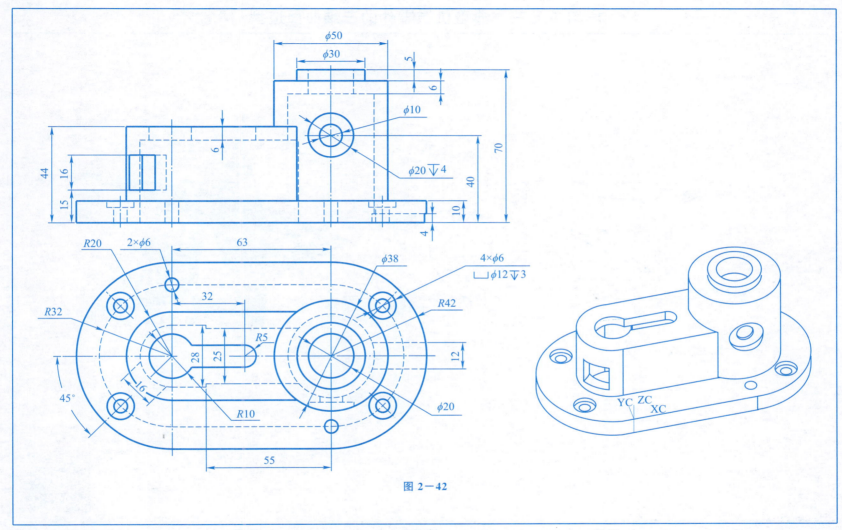

图 2-42

学习单元三　典型机械零件的三维曲面造型

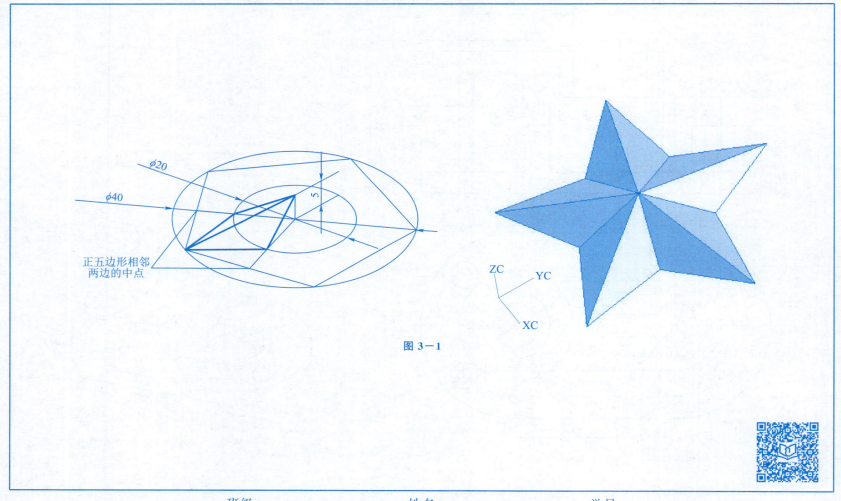

图 3－1

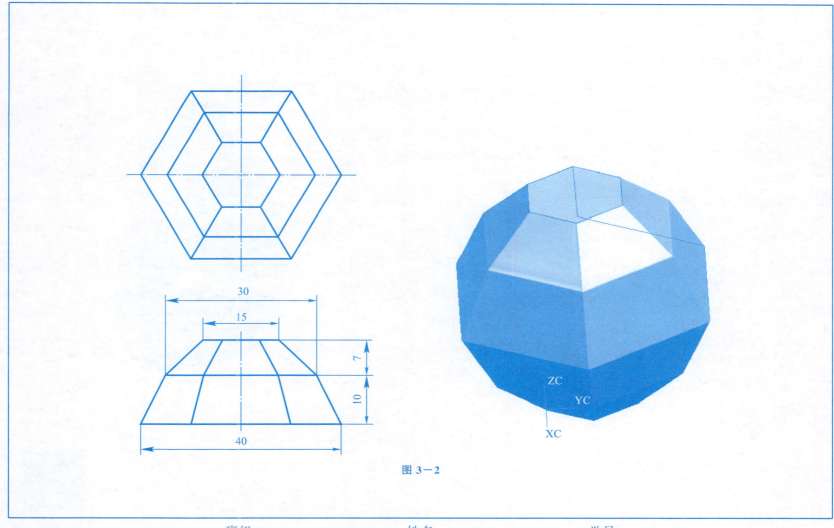

图 3-2

班级　　　　　姓名　　　　　学号

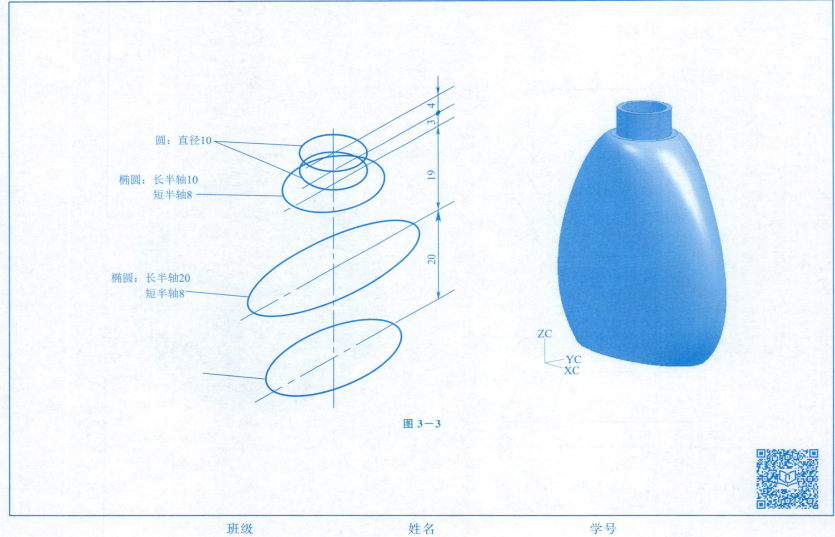

图 3-3

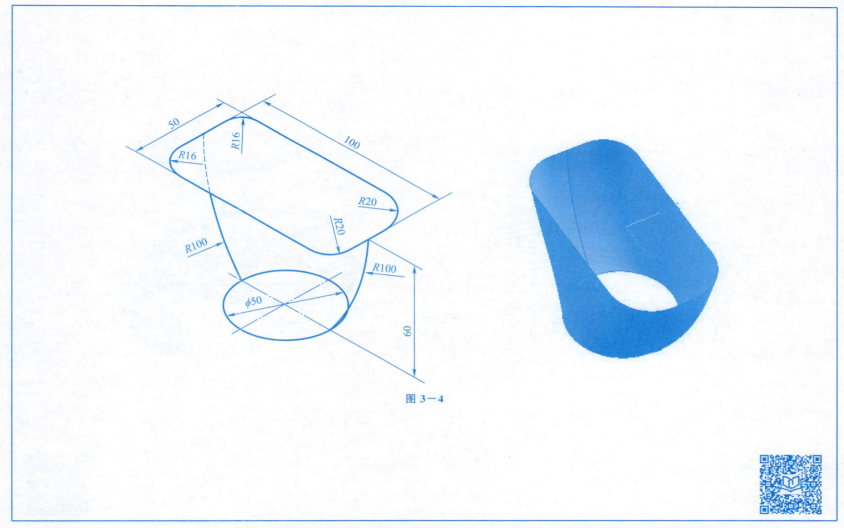

图 3-4

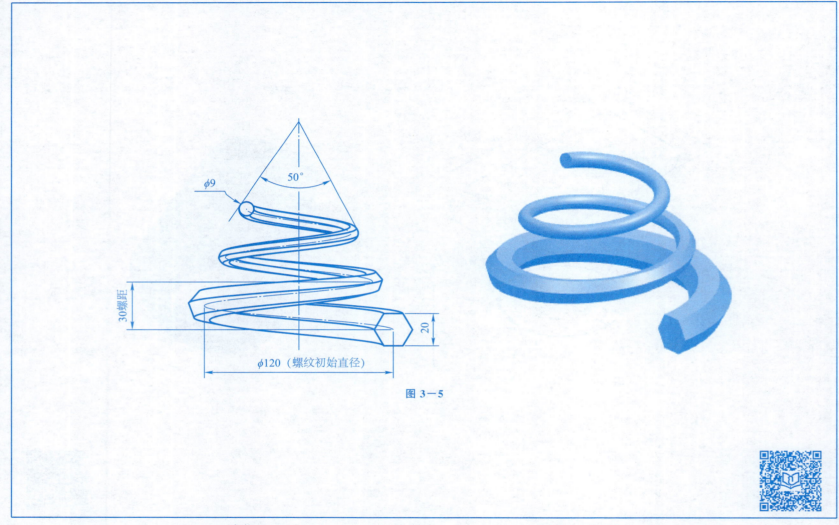

图 3-5

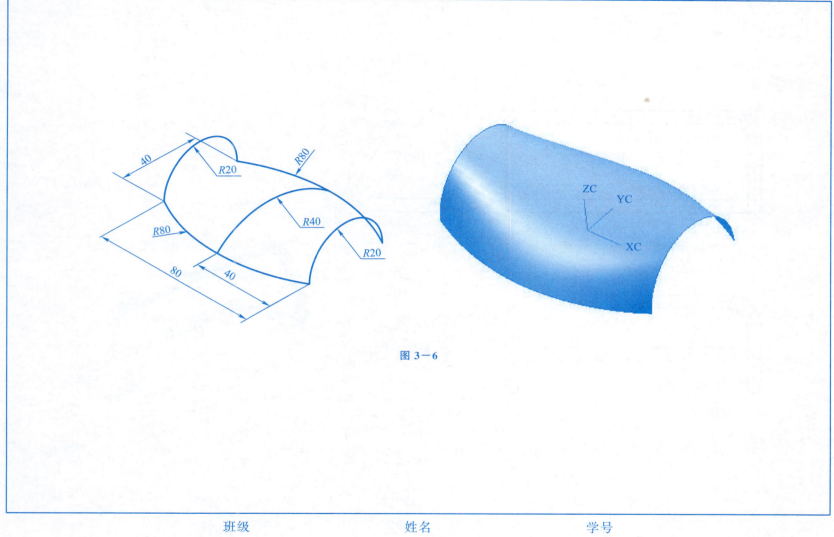

图 3-6

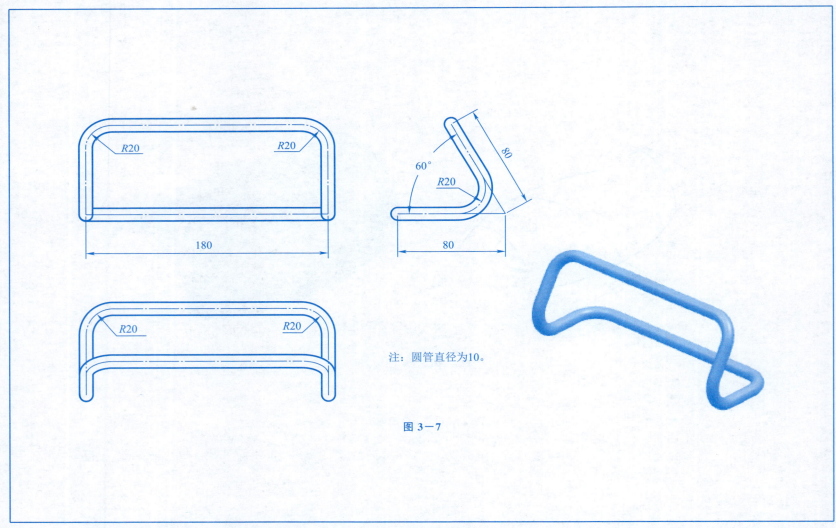

注：圆管直径为10。

图 3—7

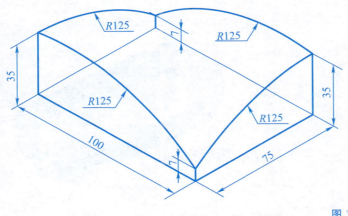 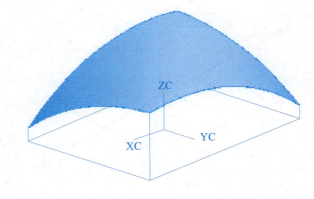

图 3—8

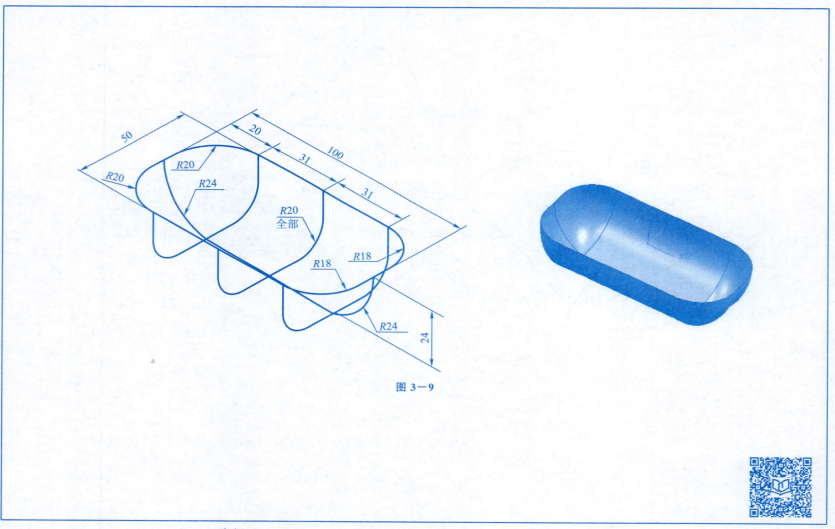

图 3-9

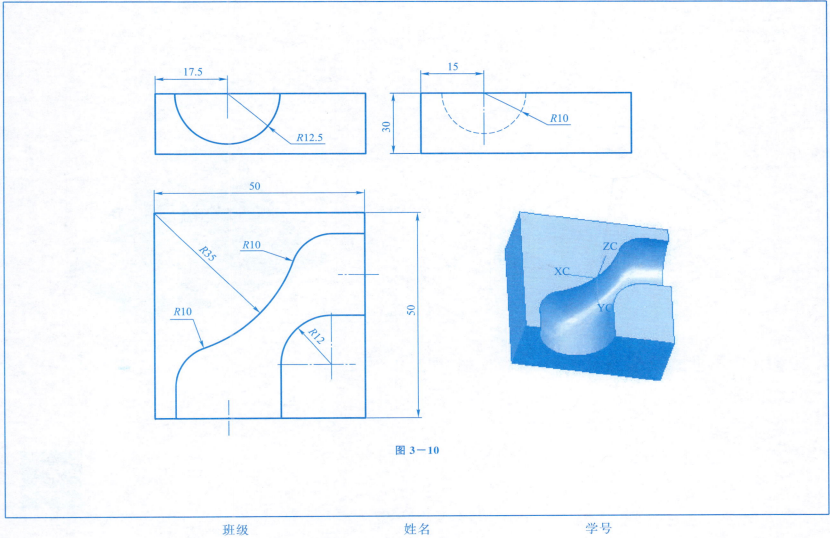

图 3-10

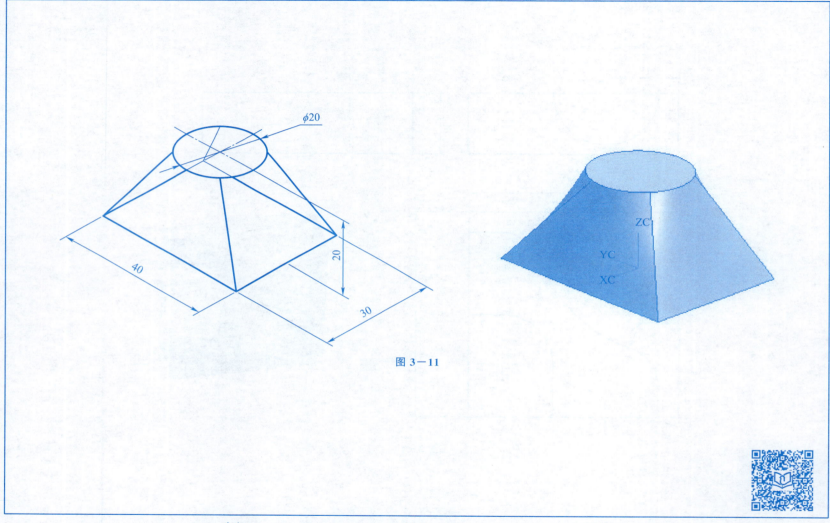

图 3-11

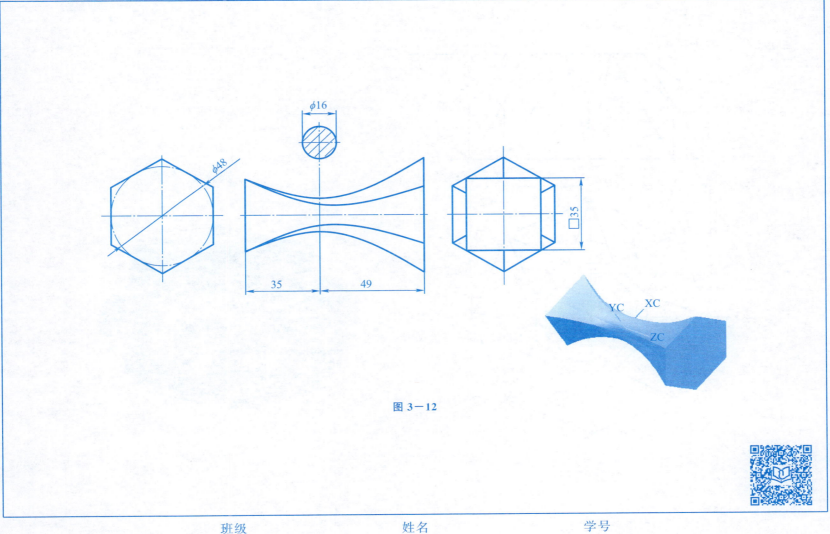

图 3-12

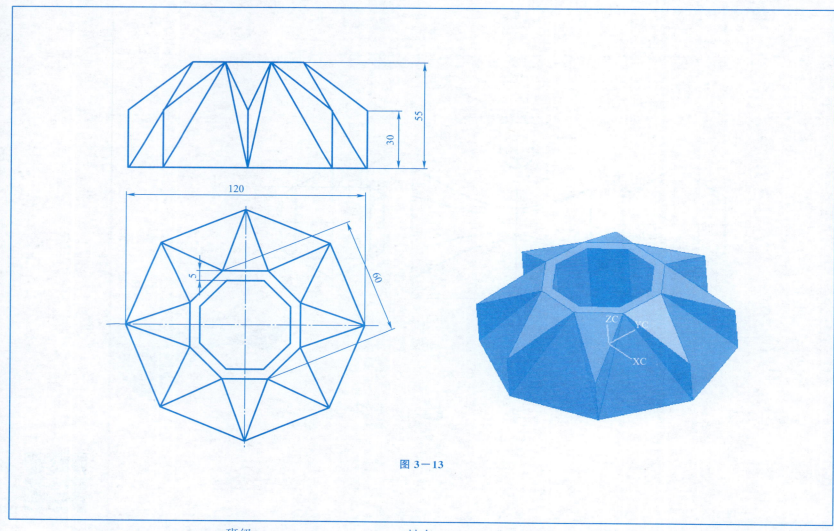

图 3-13

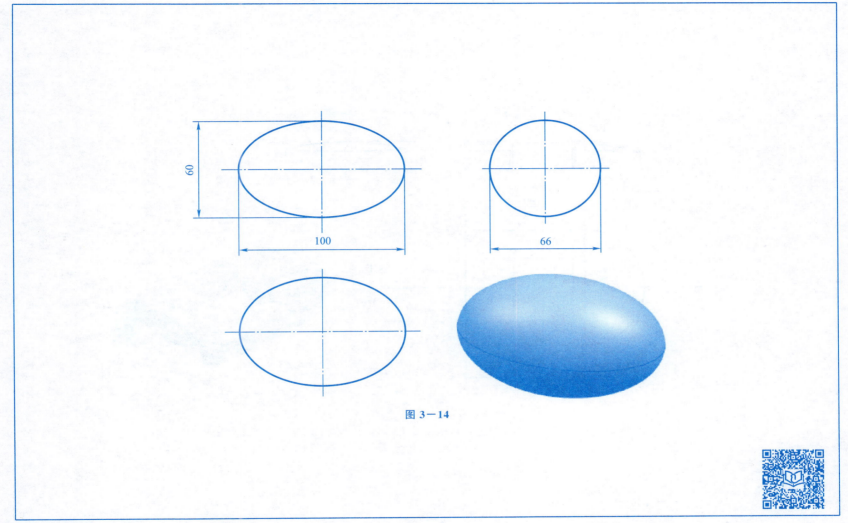

图 3—14

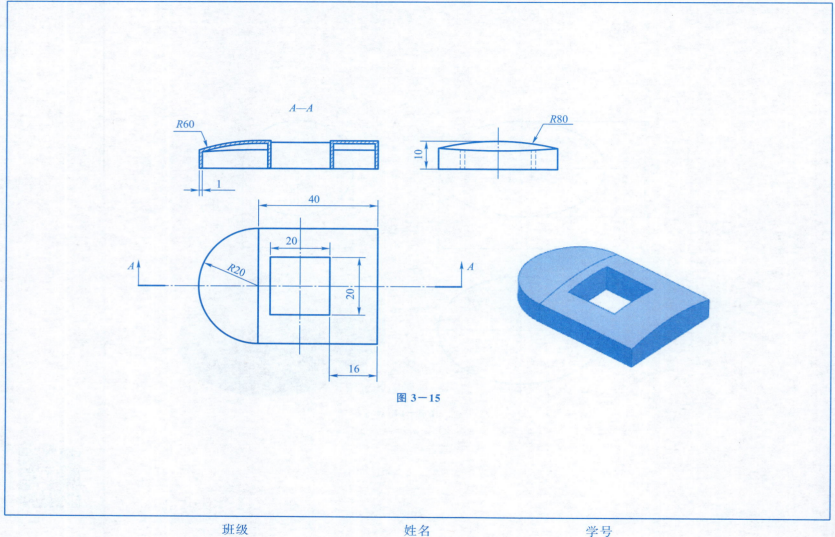

图 3—15

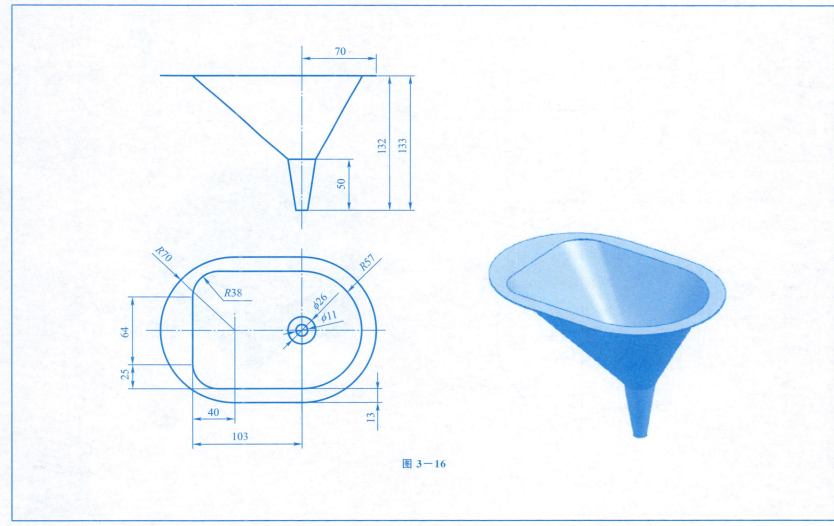

图 3-16

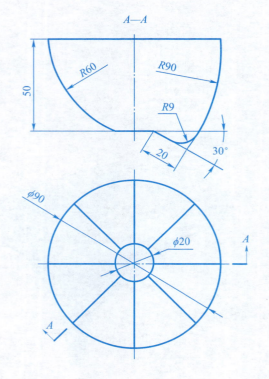
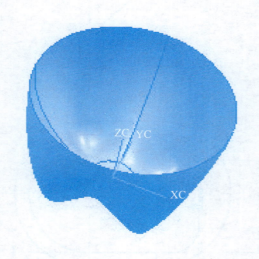

图 3-17

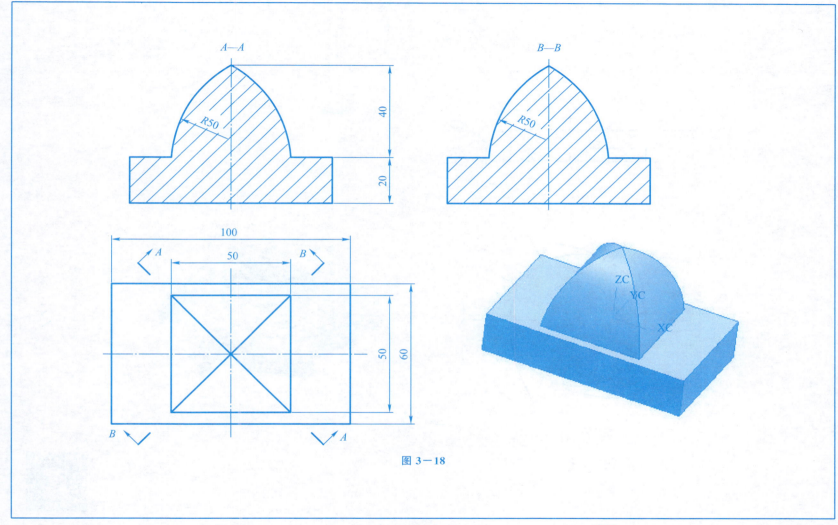

图 3—18

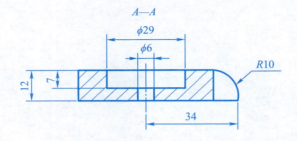

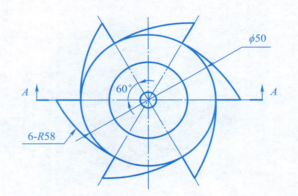

图 3-19

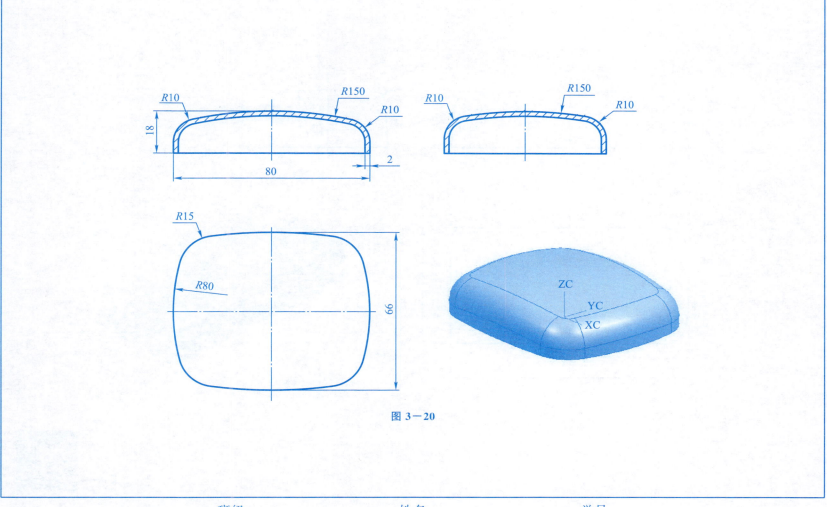

图 3—20

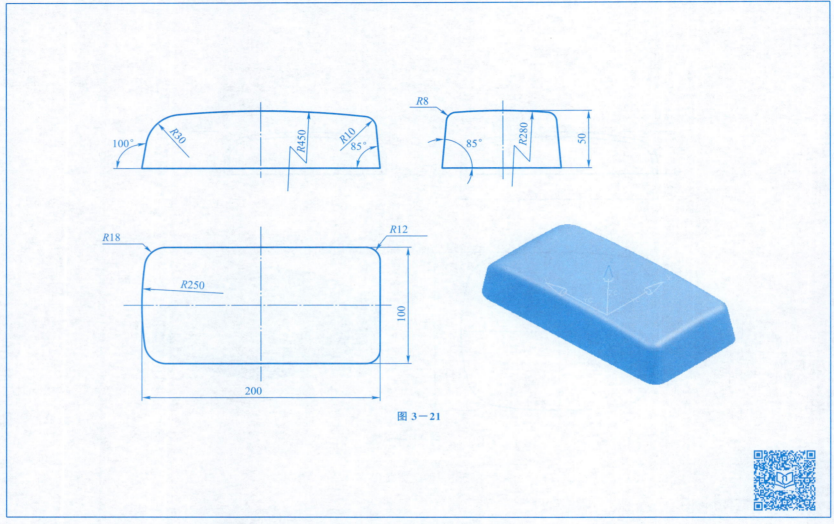

图 3—21

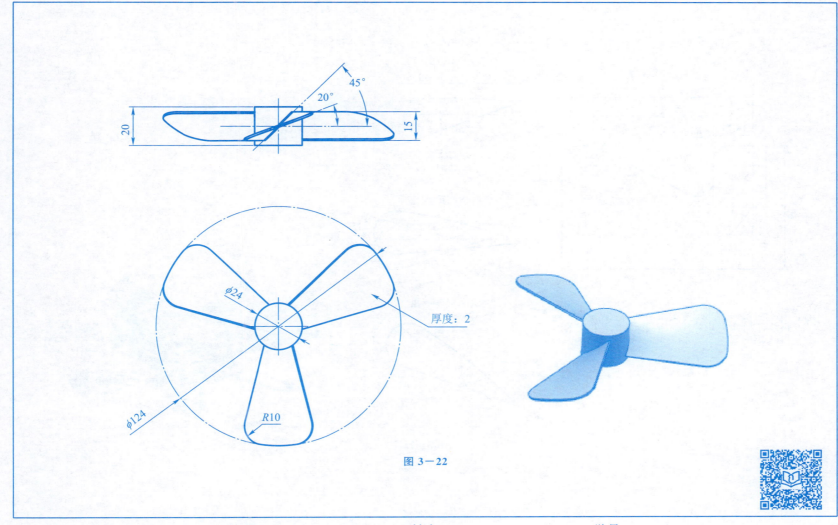

图 3—22

风扇轮轴轮廓母线

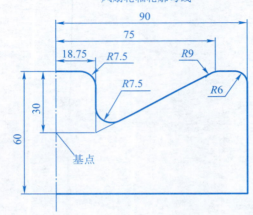

叶片基本轮廓线

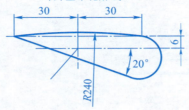

叶片内侧轮廓线

叶片外侧轮廓线

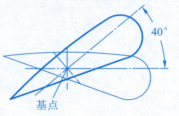

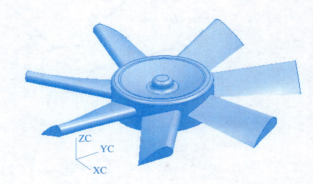

注：用风扇轮轴轮廓母线旋转360°可得到风扇轴。风扇共有7个叶片，叶片的横截面轮廓是相同的，内侧旋转15°，外侧旋转40°。风扇直径为360。

图 3—23

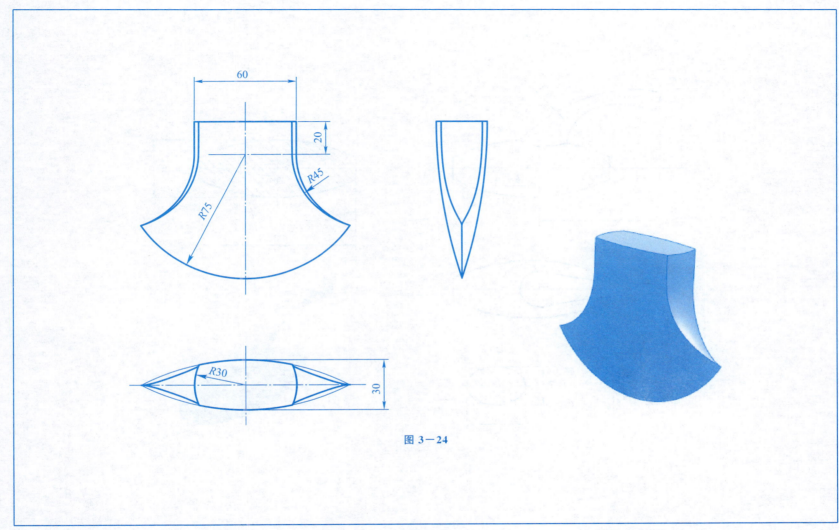

图 3—24

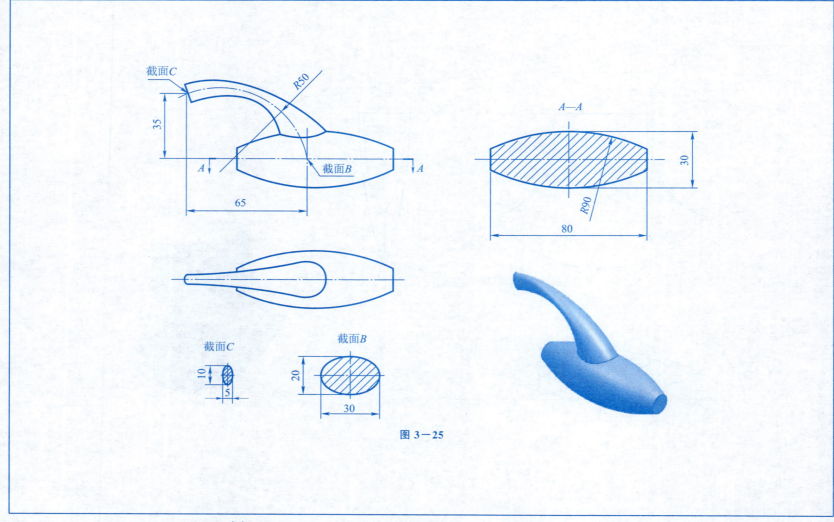

图 3—25

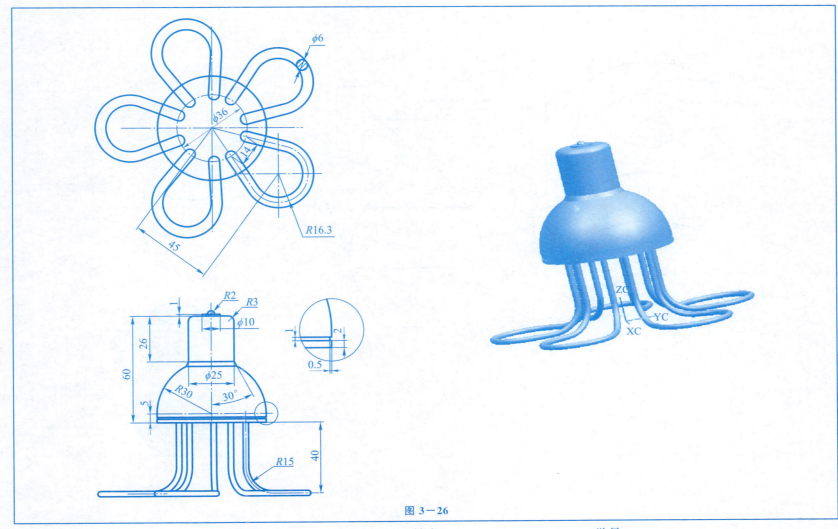

图 3—26

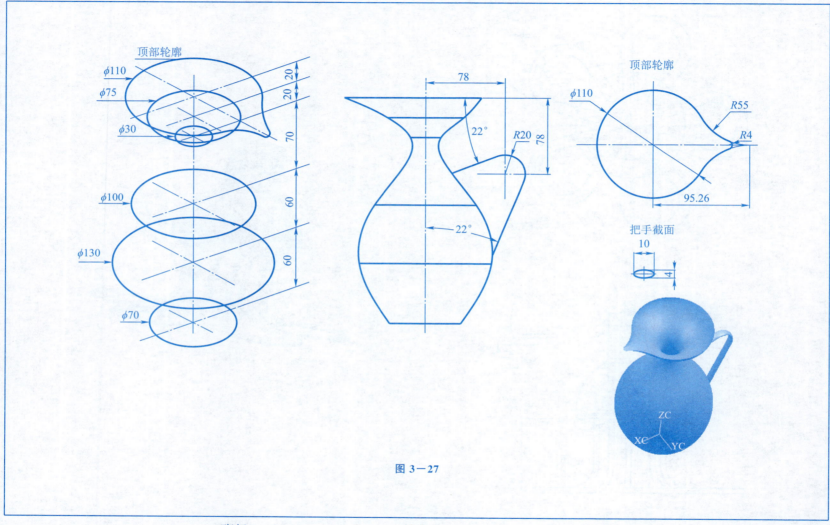

图 3—27

学习单元四　机械部件装配图绘制

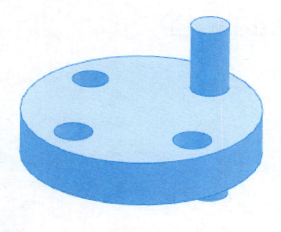

图 4—1

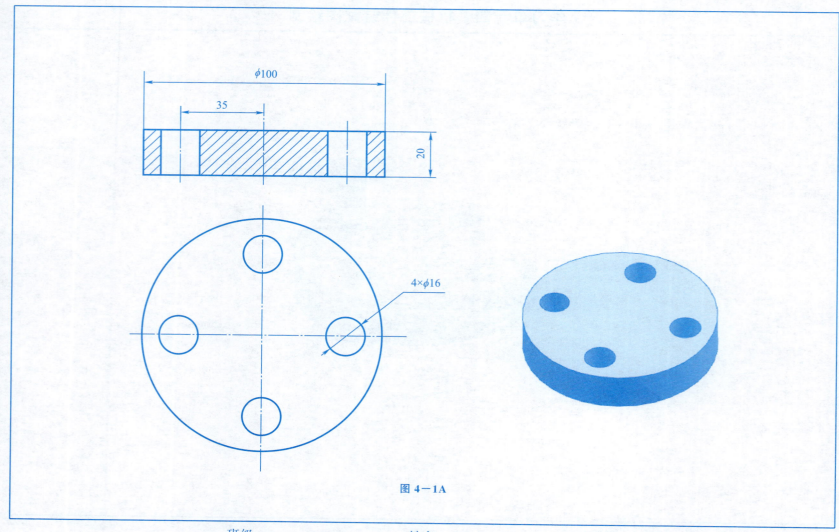

图 4-1A

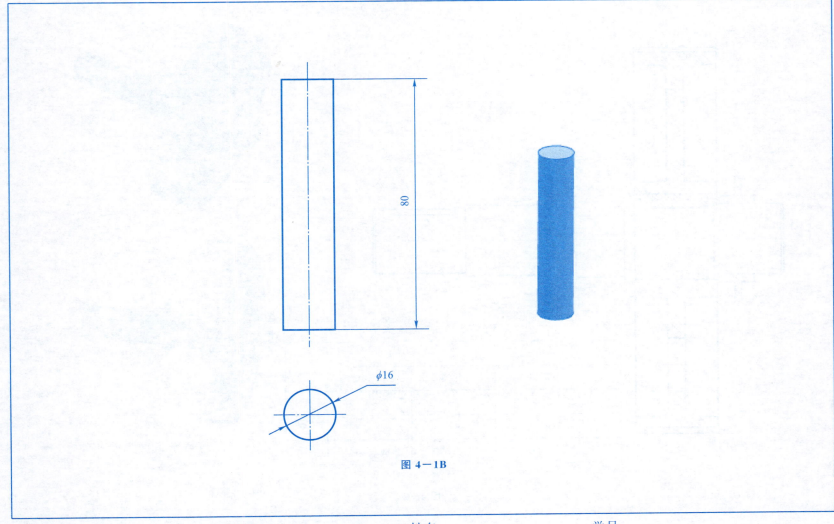

图 4-1B

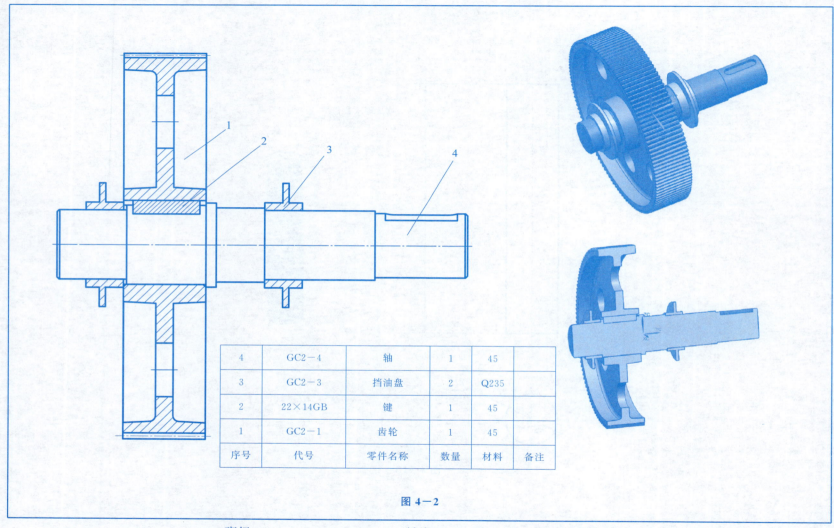

4	GC2-4	轴	1	45	
3	GC2-3	挡油盘	2	Q235	
2	22×14GB	键	1	45	
1	GC2-1	齿轮	1	45	
序号	代号	零件名称	数量	材料	备注

图 4-2

班级　　　　　姓名　　　　　学号

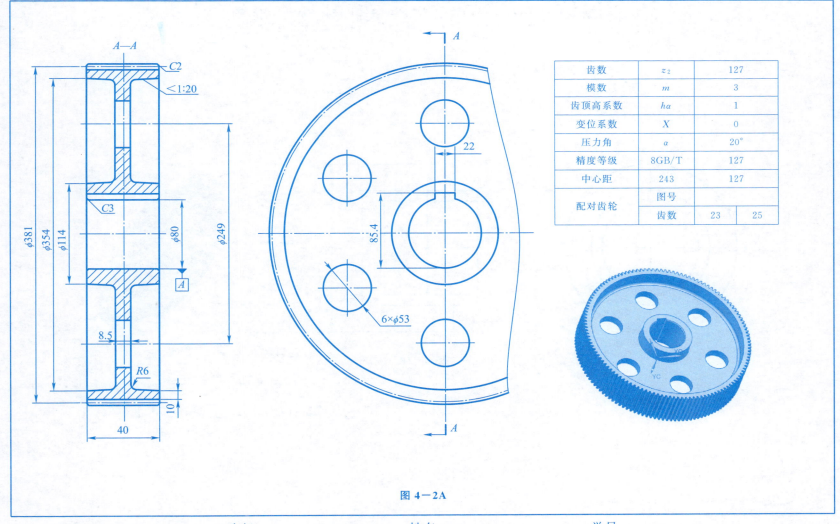

图 4-2A

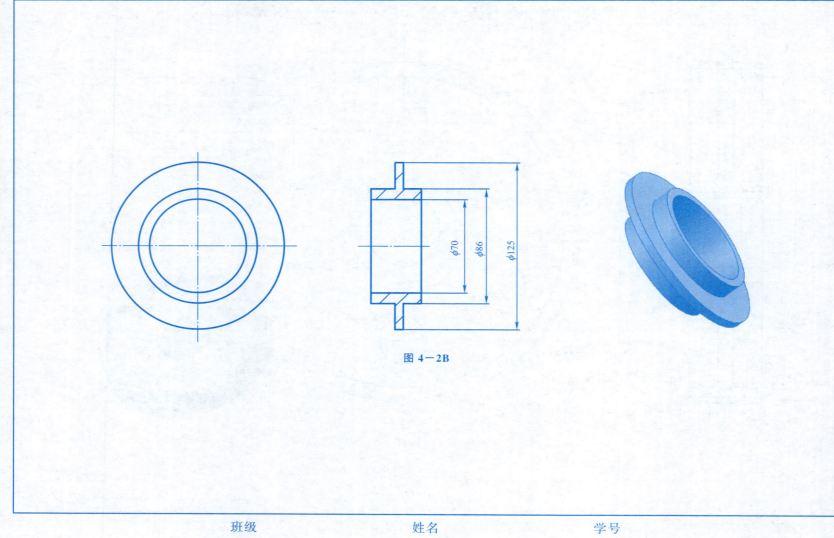

图 4—2B

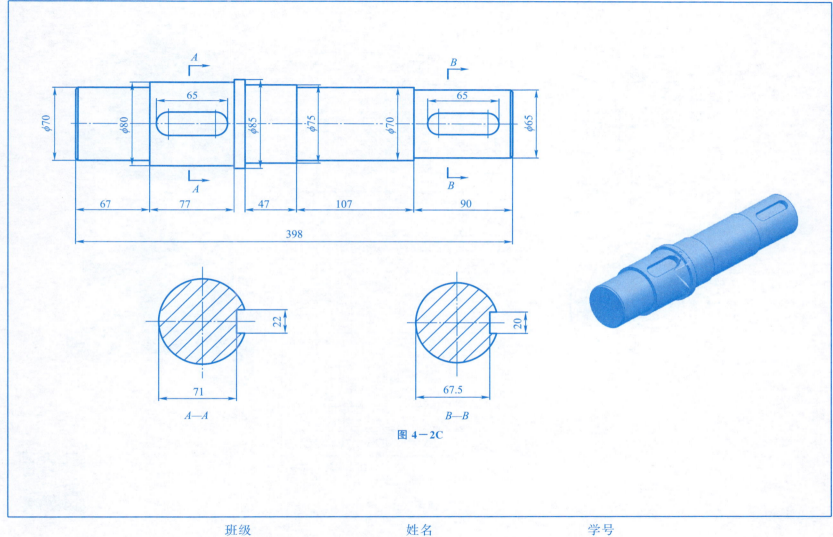

图 4-2C

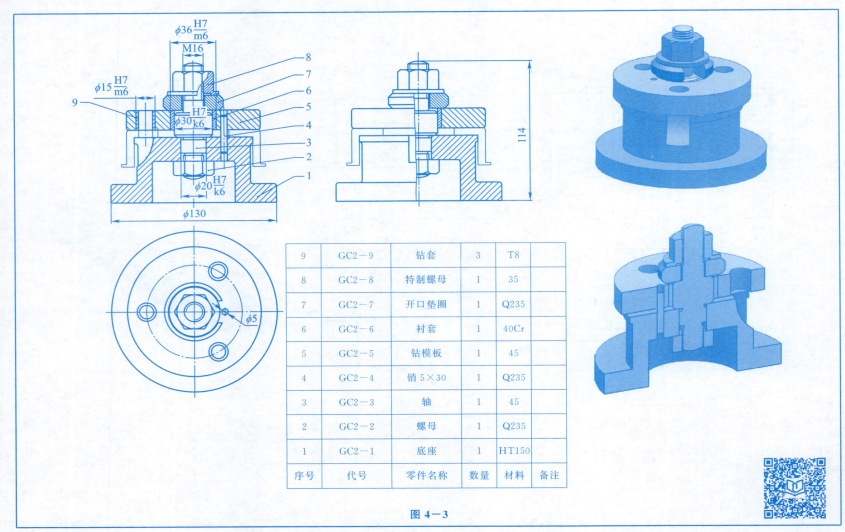

图 4-3

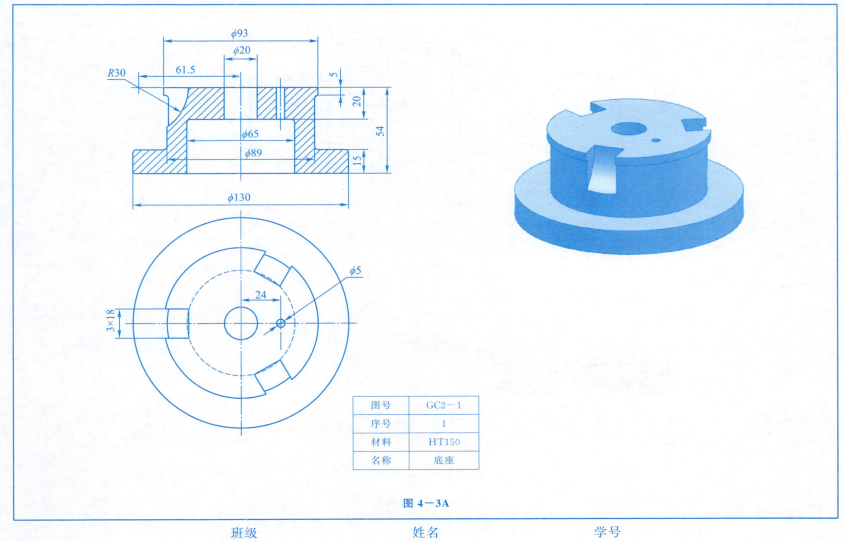

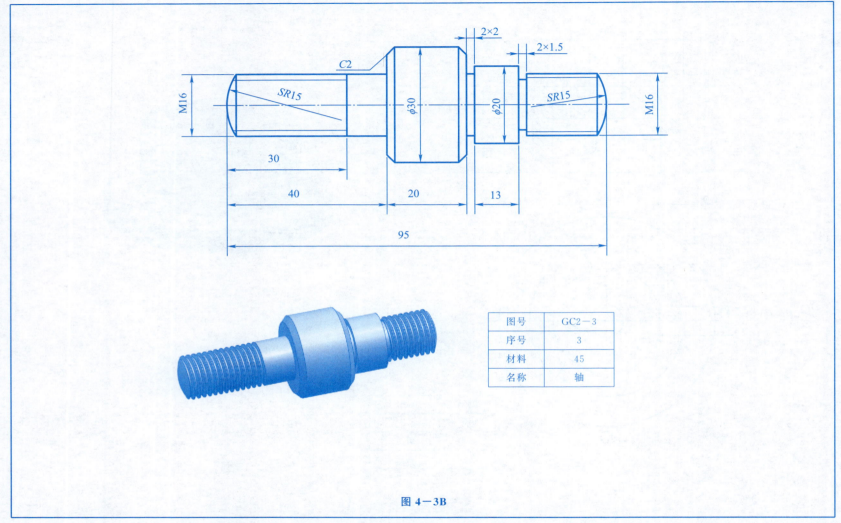

图 4－3B

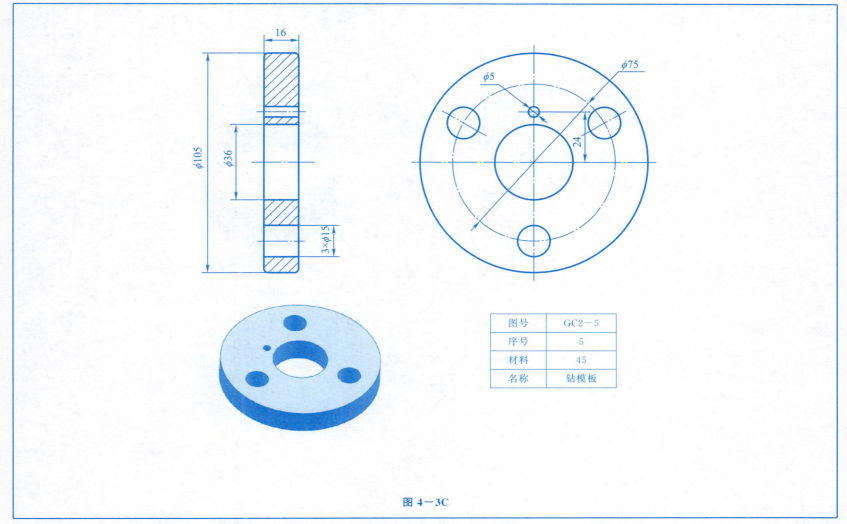

图 4－3C

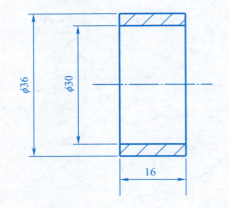

图号	GC2-6
序号	6
材料	40Cr
名称	衬套

图 4-3D

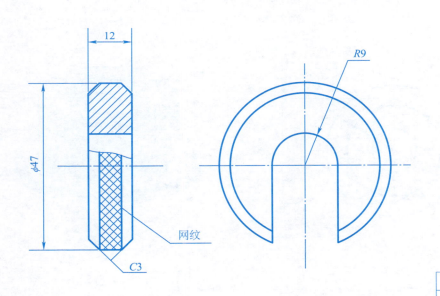
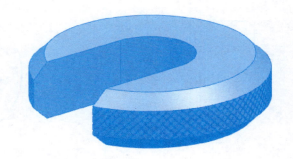

图号	GC2-7
序号	7
材料	Q235
名称	开口垫圈

图 4-3E

班级　　　　　姓名　　　　　学号

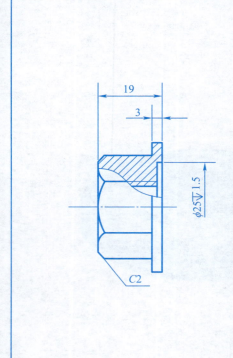
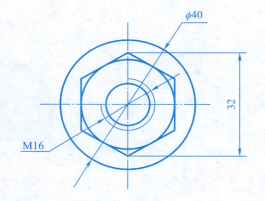

图号	GC2-8
序号	8
材料	35
名称	特制螺母

图 4-3F

班级　　　　姓名　　　　学号

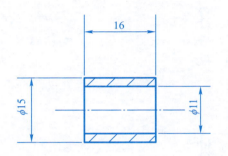

图号	GC2-9
序号	9
材料	T8
名称	钻套

图 4-3G

班级　　　　　姓名　　　　　学号

学习单元五　平面零件的铣削加工

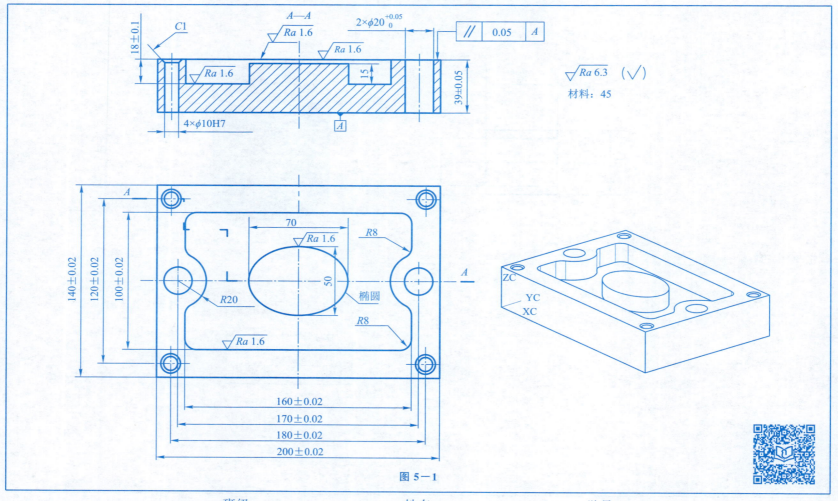

图 5—1

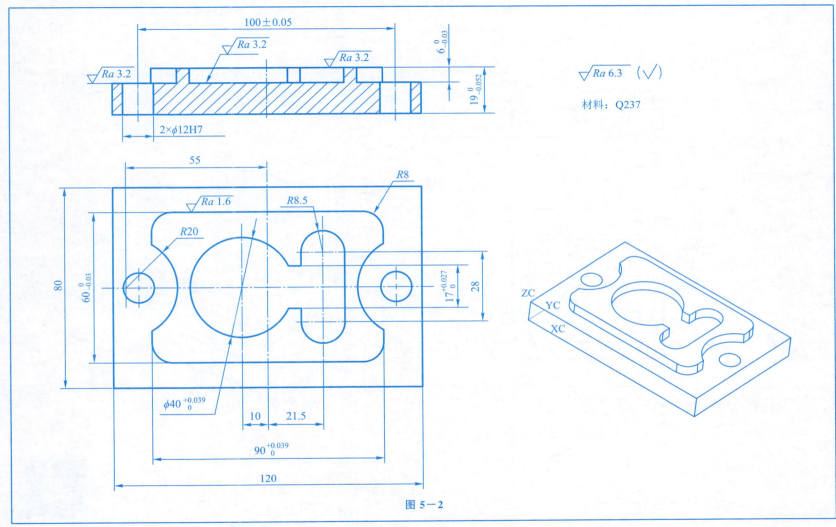

图 5-2

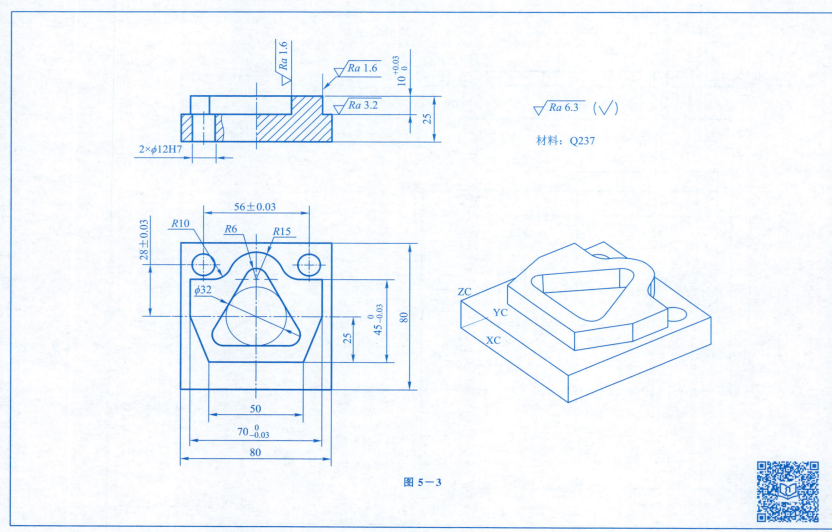

图 5-3

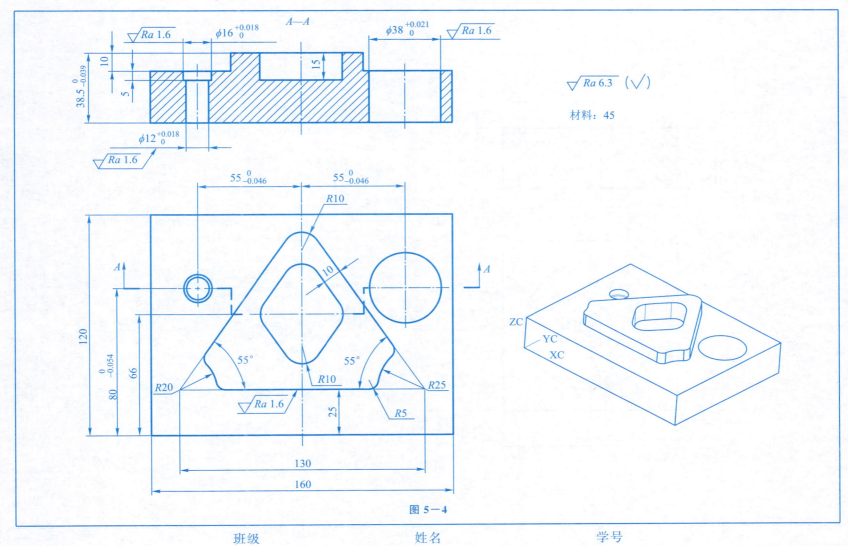

图 5-4

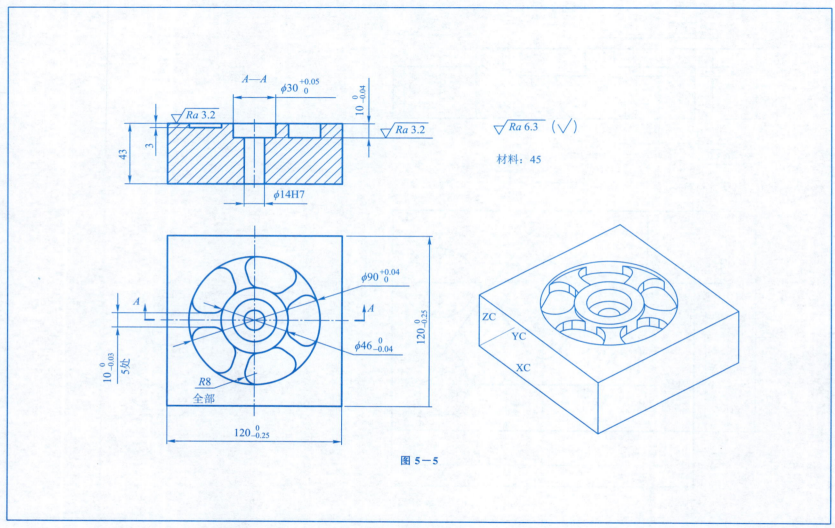

图 5-5

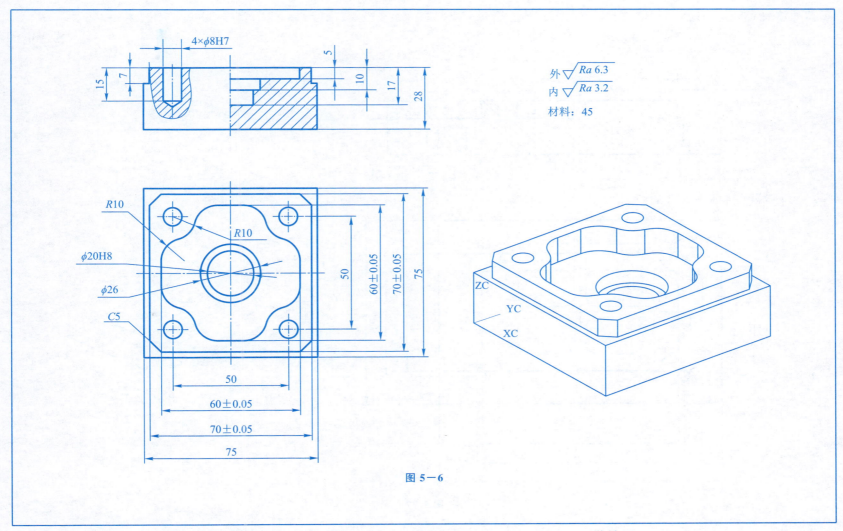

外 ▽$\sqrt{Ra\,6.3}$
内 ▽$\sqrt{Ra\,3.2}$
材料：45

图 5−6

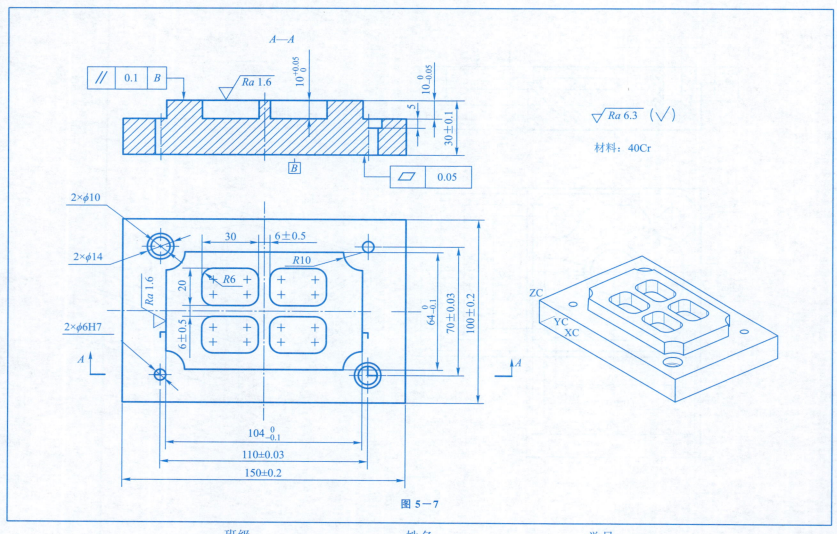

图 5-7

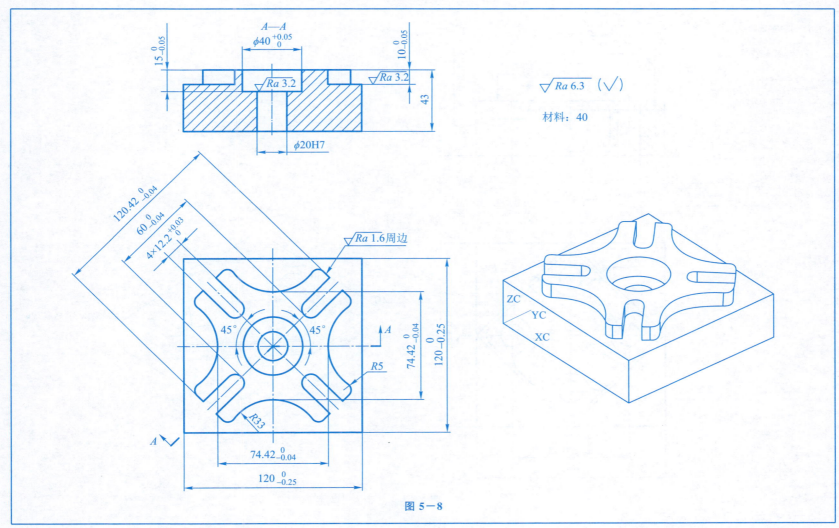

图 5—8

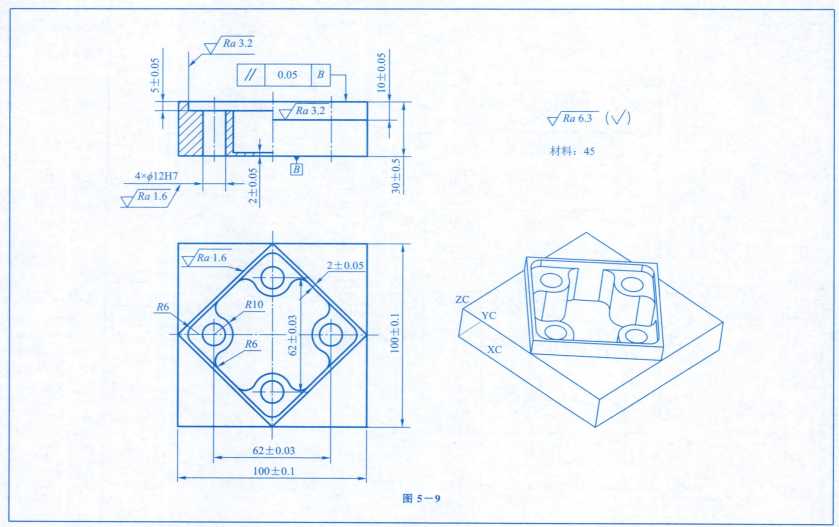

图 5-9

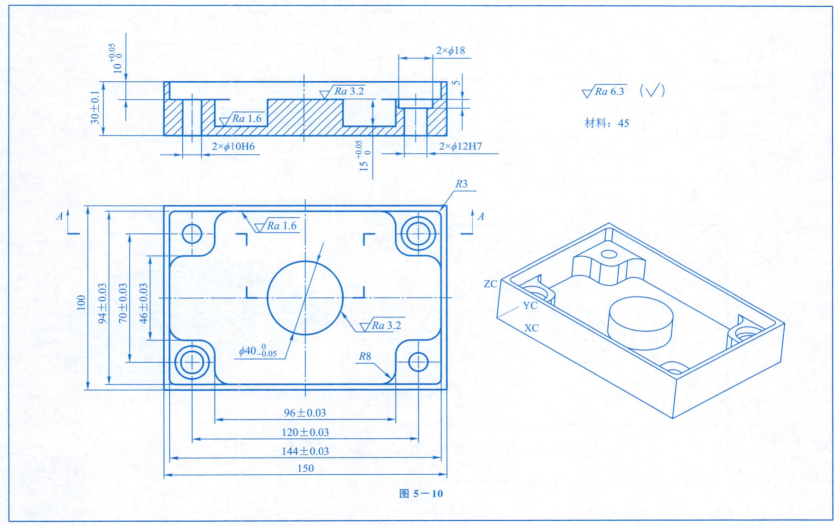

图 5-10

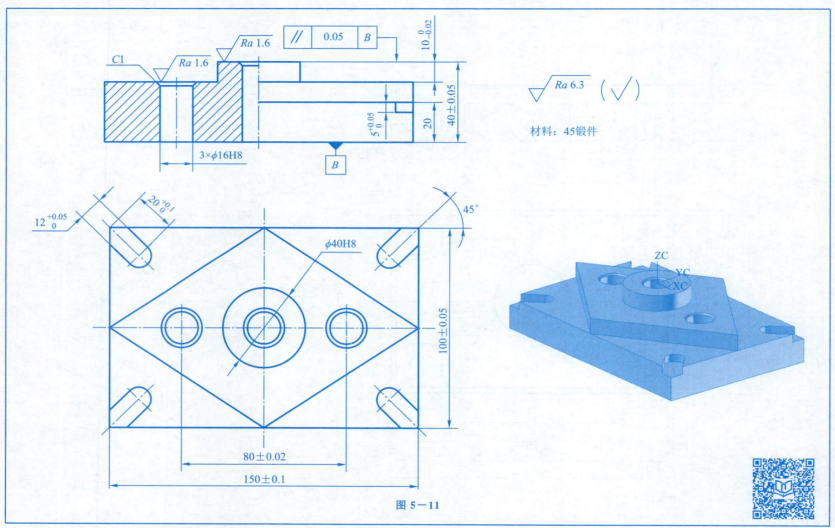

图 5-11

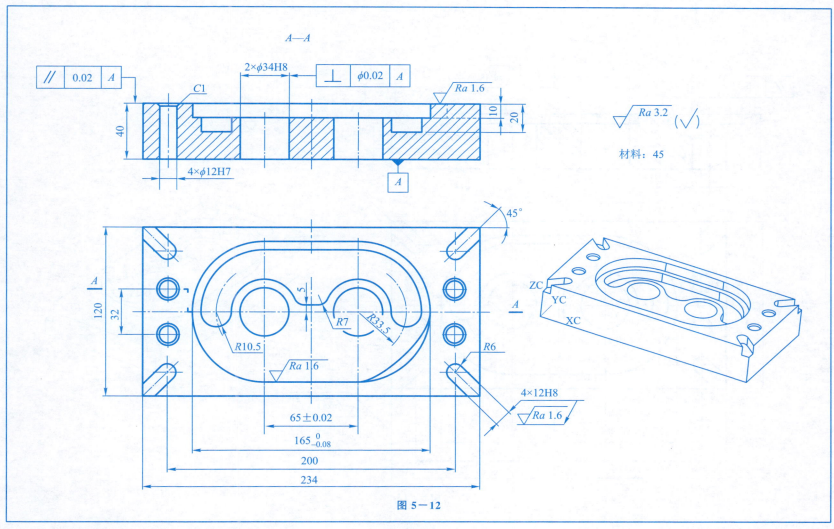

图 5-12

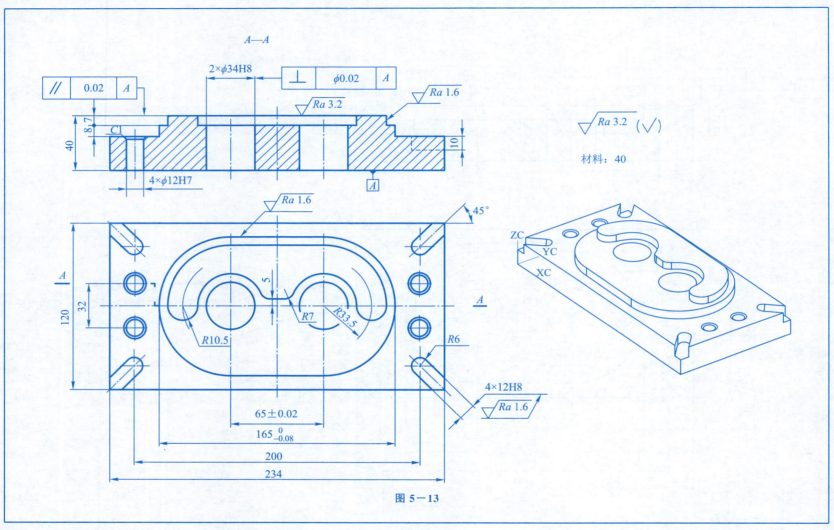

图 5-13

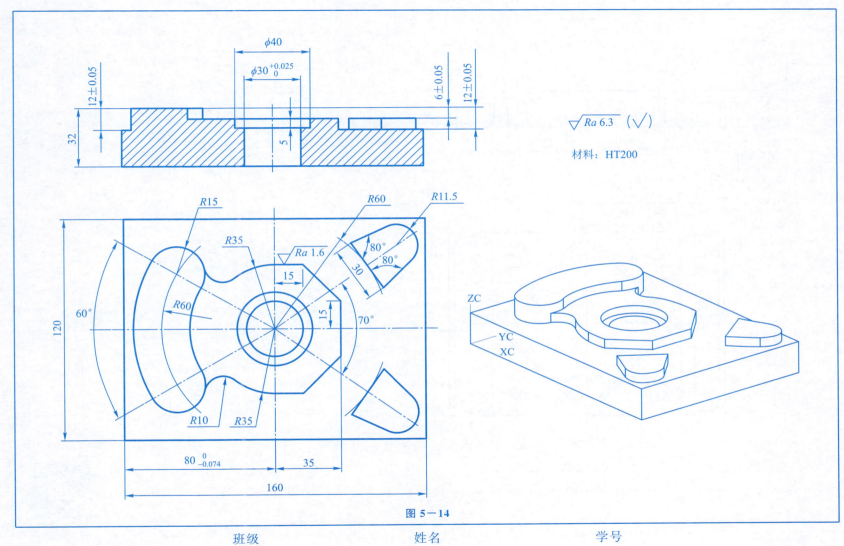

图 5-14

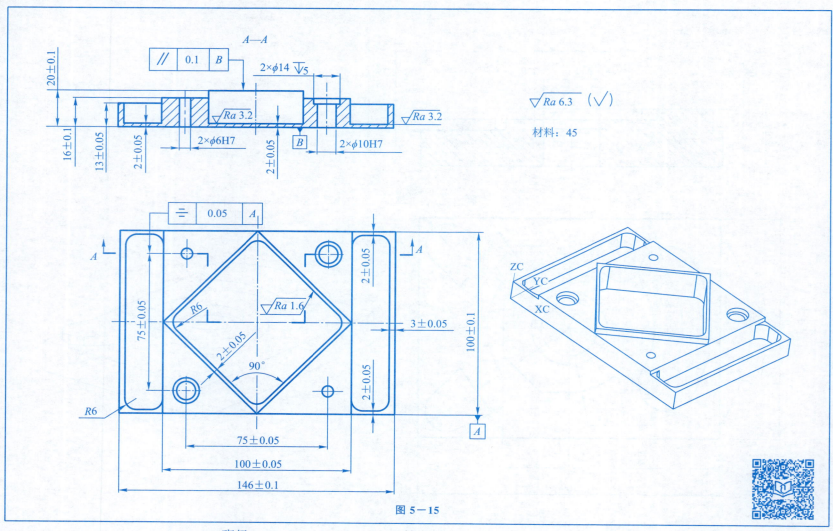

图 5-15

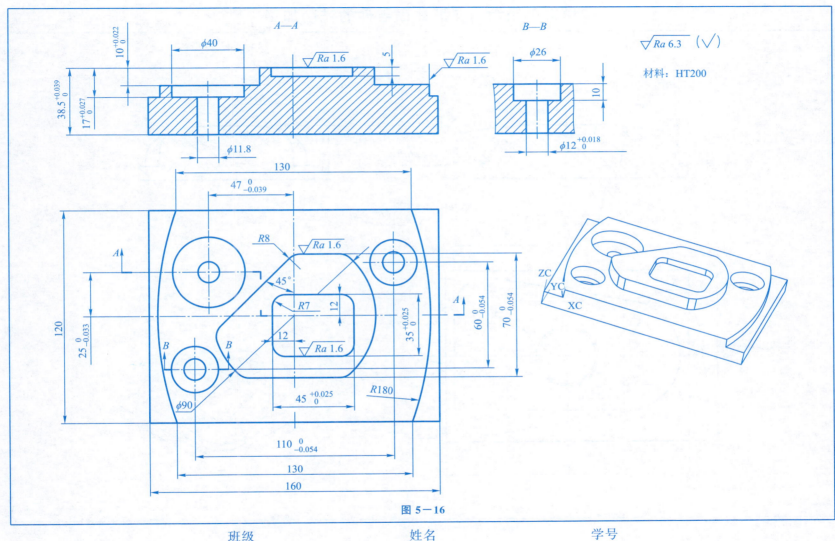

图 5-16

学习单元六　典型曲面零件的铣削加工

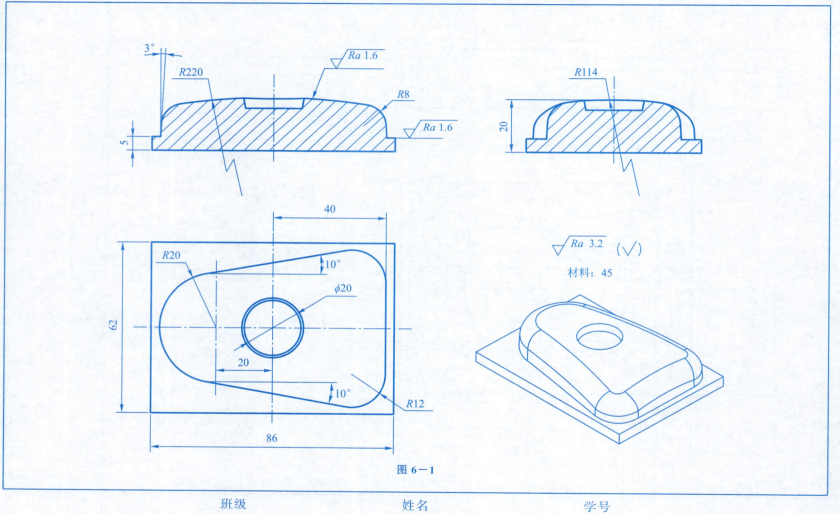

图 6-1

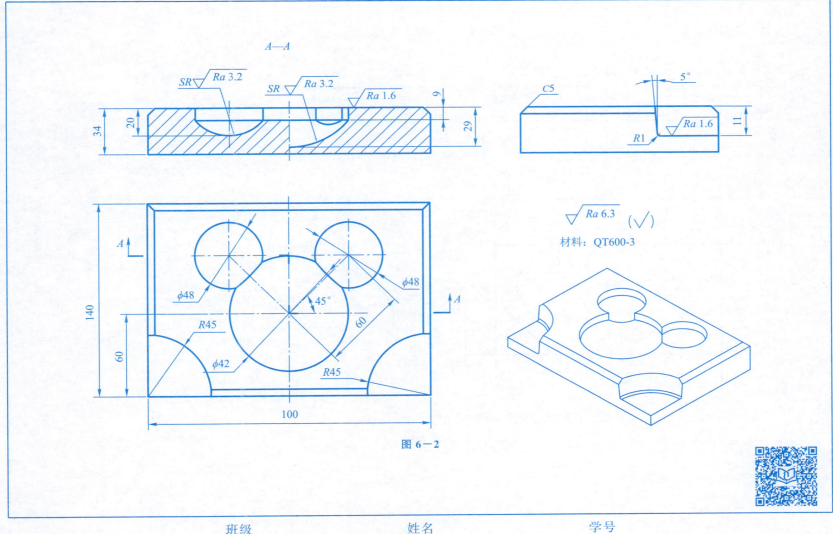

图 6-2

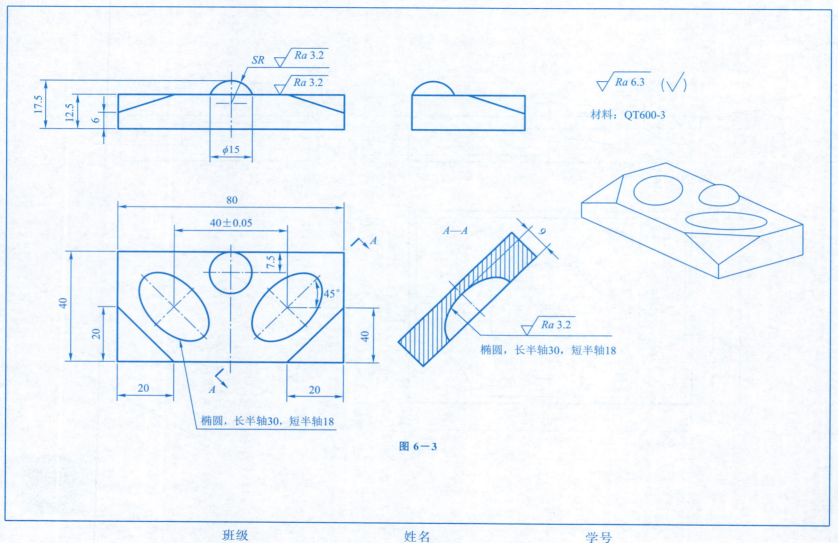

图 6-3

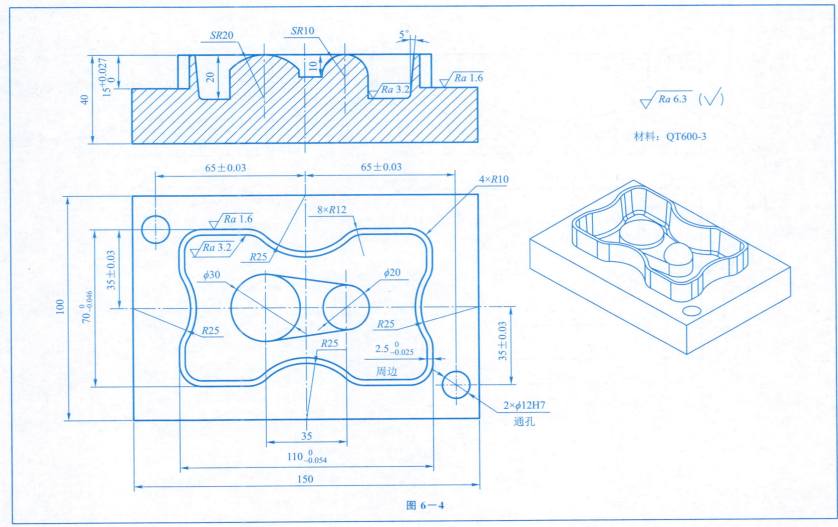

图 6-4

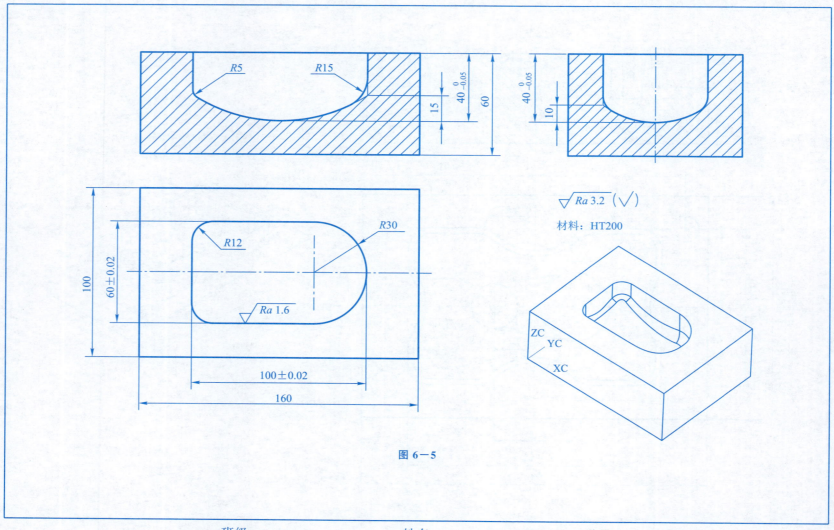

图 6-5

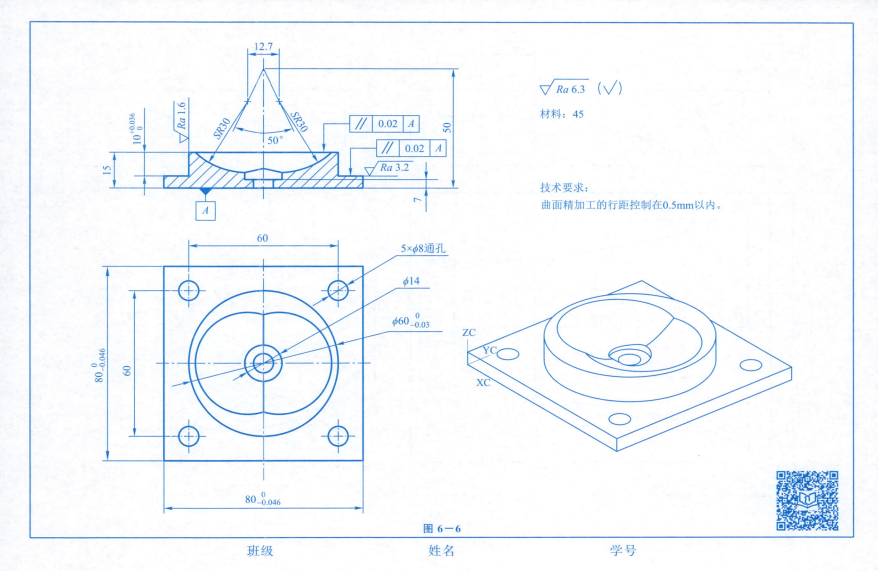

图 6-6

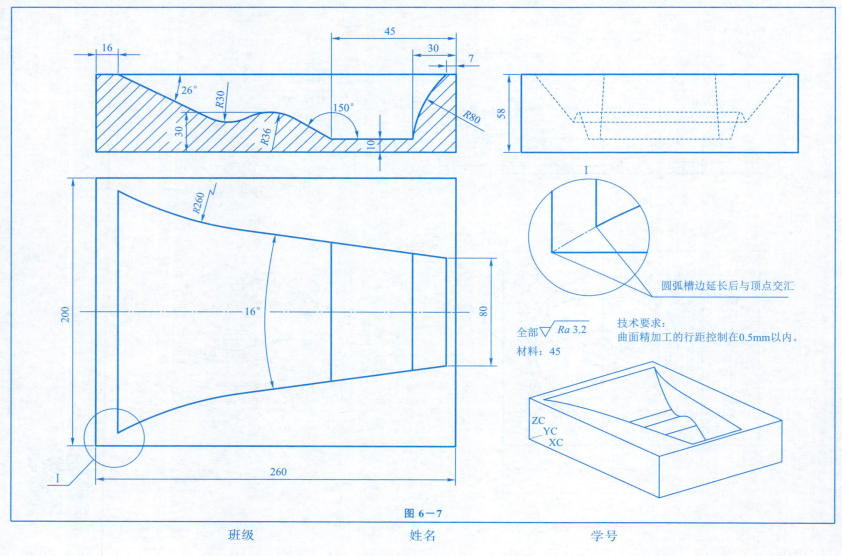

图 6-7

学习单元七　CAD/CAM 技术综合实践

一、指导教师评语及学生成绩

班级：＿＿＿＿＿＿＿＿＿＿＿＿＿＿＿＿＿＿＿

姓名：＿＿＿＿＿＿＿＿＿＿＿＿＿＿＿＿＿＿＿

学号：＿＿＿＿＿＿＿＿＿＿＿＿＿＿＿＿＿＿＿

指导教师：＿＿＿＿＿＿＿＿＿＿＿＿＿＿＿＿＿

指导教师评语：	
	年　　月　　日
成绩	指导教师（签字）：

二、CAD/CAM 软件综合实践任务

1. 完成任务书图不少于 12 个零件三维造型。
2. 完成任务书图零件的平面轮廓铣削数控加工及数控加工程序的自动编制。
3. 完成任务书图零件的曲面轮廓铣削数控加工及数控加工程序的自动编制。

三、CAD/CAM 软件综合实践目的

1. 进一步加强典型零件工程图识图能力；
2. 进一步熟悉 CAD/CAM 软件图形造型功能，加强图形绘制能力；
3. 进一步加强典型零件的数控加工工艺编制能力；
4. 进一步熟悉 CAD/CAM 软件各种加工方法及参数的设定，加强 CAM 自动编程能力。

四、CAD/CAM 软件综合实践要求

1. 熟练掌握 CAD/CAM 软件的二维造型方法，加强图形设计能力；
2. 熟练掌握 CAD/CAM 软件的实体造型方法，加强图形设计能力；
3. 熟练掌握 CAD/CAM 软件的曲面造型方法，加强图形设计能力；
4. 完成典型零件的数控加工工艺编制；
5. 完成零件的平面轮廓铣削数控加工及数控加工程序的自动编制；
6. 完成零件的曲面轮廓铣削数控加工及数控加工程序的自动编制。

五、CAD/CAM 软件综合实践安排

设计时间共 1 周，具体安排如下表：

		任务	工期
开始	任务一	绘制所给典型零件实体造型	工作日（天）
		1. 绘制典型零件的特征线框	0.5
		2. 运用实体造型功能完成零件绘制	1.5
		3. 运用曲面造型功能完成零件绘制	1.5
	任务二	完成典型零件平面轮廓铣削加工	工作日（天）
		1. 制订典型零件数控加工工艺	0.25
		2. 填写典型零件数控加工工艺卡片	0.25
		3. 生成典型零件数控加工刀具切削轨迹	0.25
		4. 自动生成典型零件数控加工程序	0.25
	任务三	完成典型零件曲面轮廓铣削加工	工作日（天）
		1. 制订典型零件数控加工工艺	0.1
		2. 填写典型零件数控加工工艺卡片	0.1
		3. 生成典型零件数控加工刀具切削轨迹	0.1
结束		4. 自动生成典型零件数控加工程序	0.2

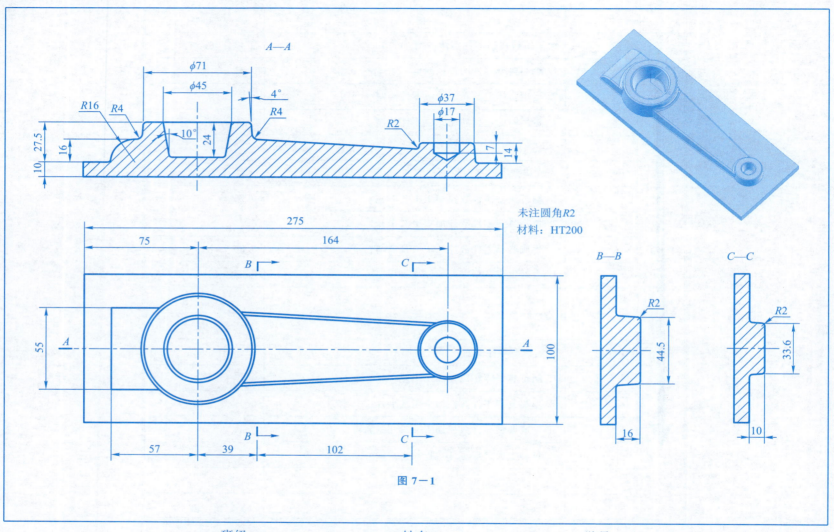

图 7-1

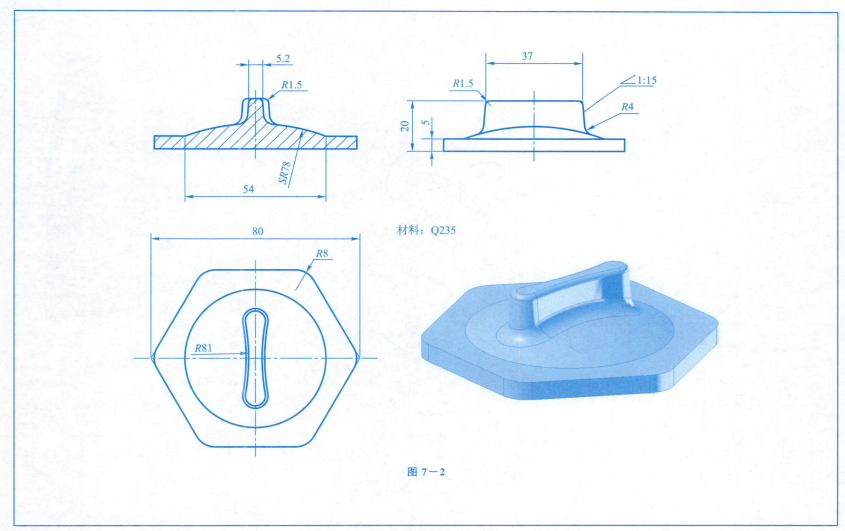

图 7—2

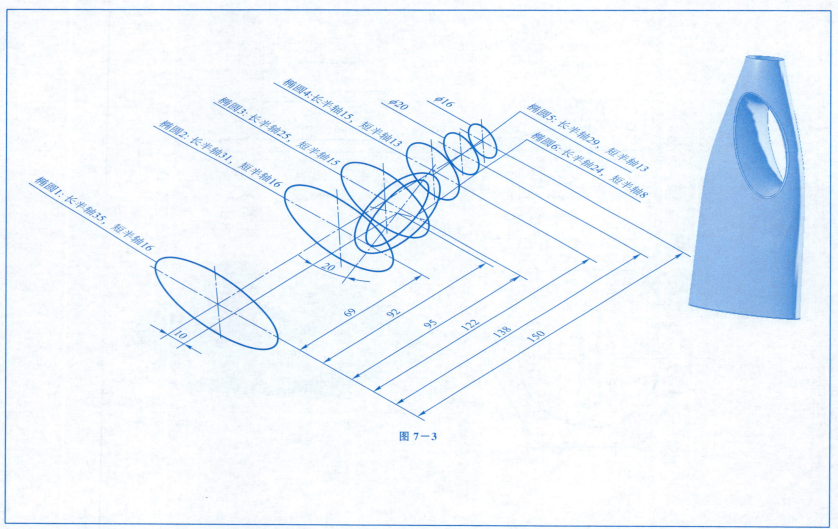

图 7-3

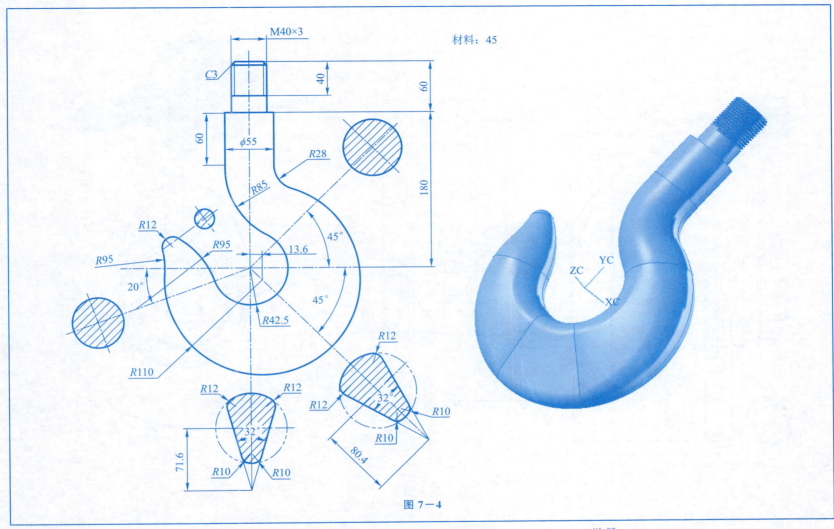

图 7-4

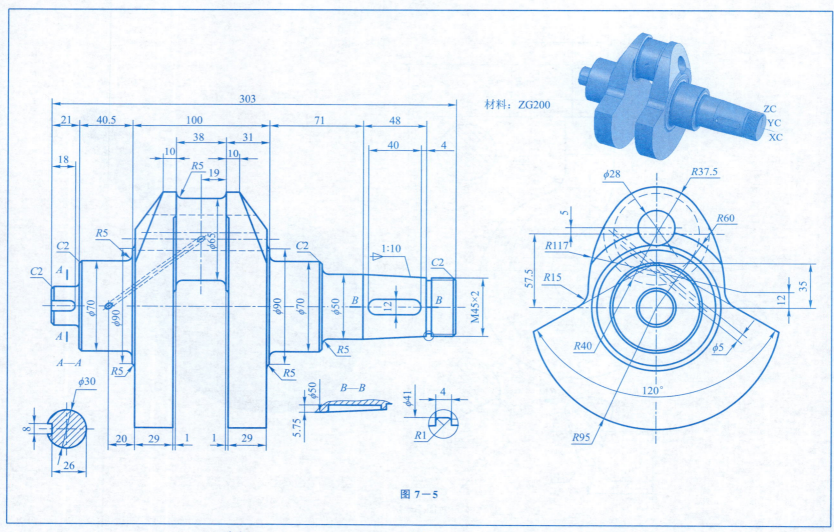

图 7-5

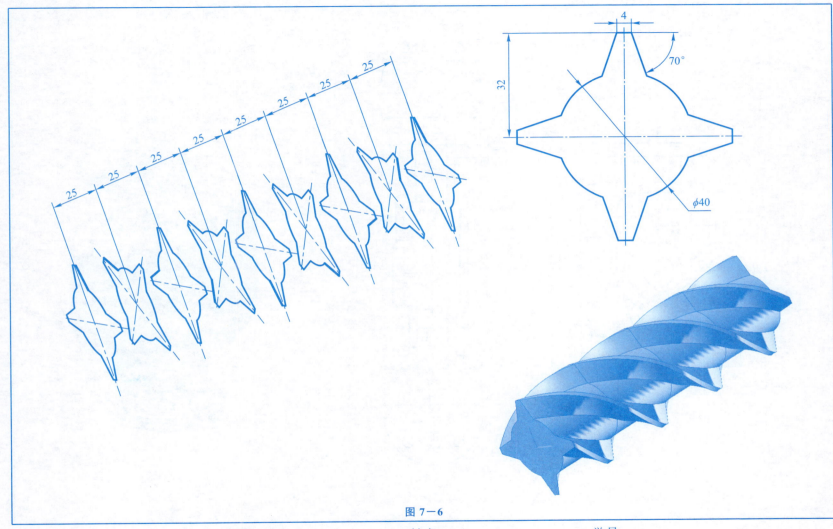

图 7-6

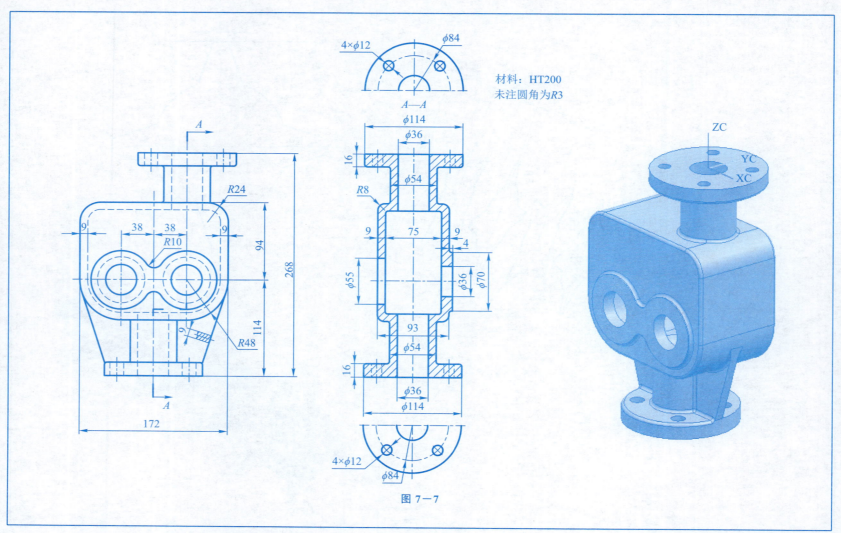

图 7-7

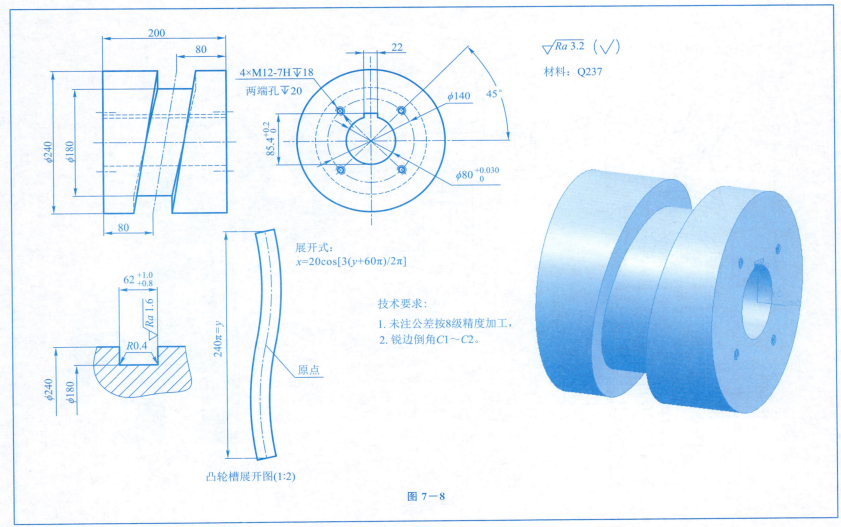

图 7-8

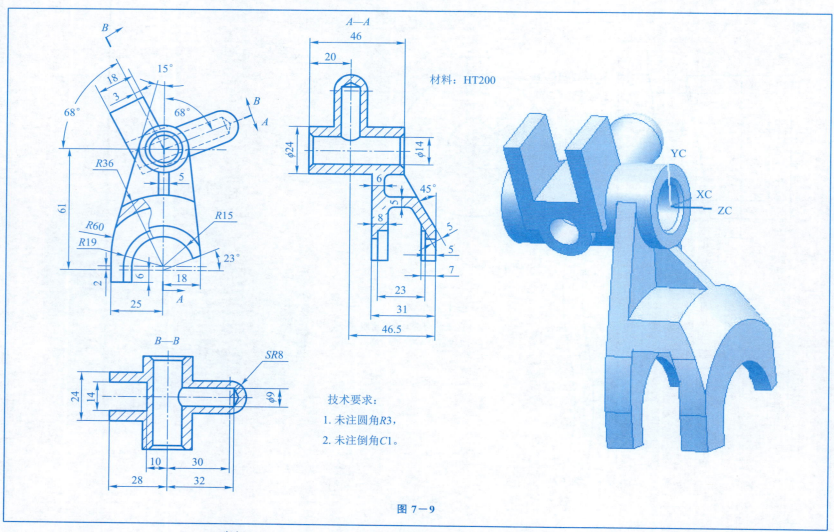

图 7-9

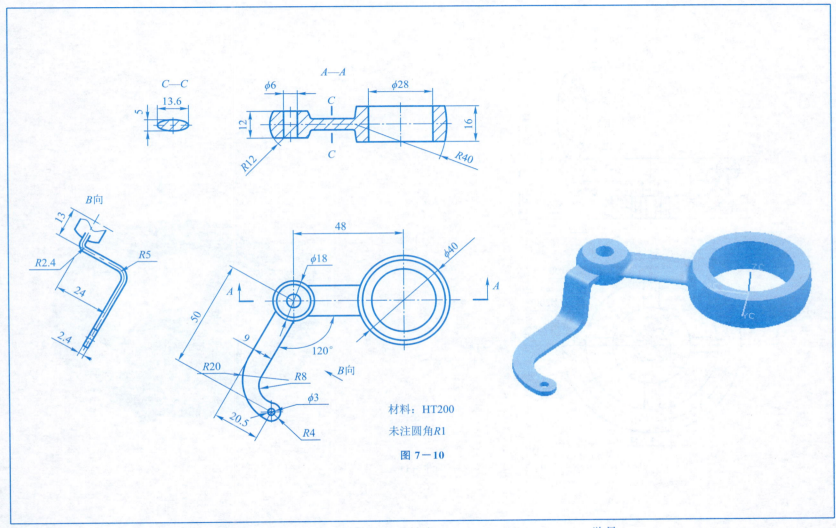

图 7-10

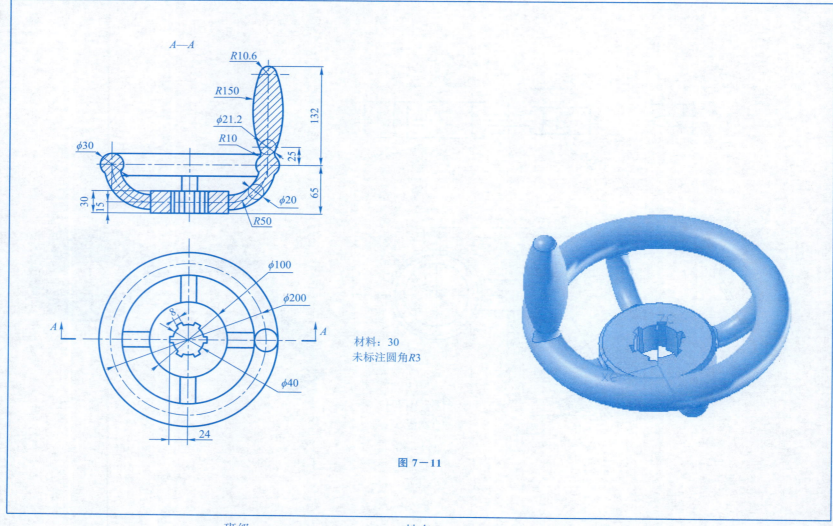

图 7-11

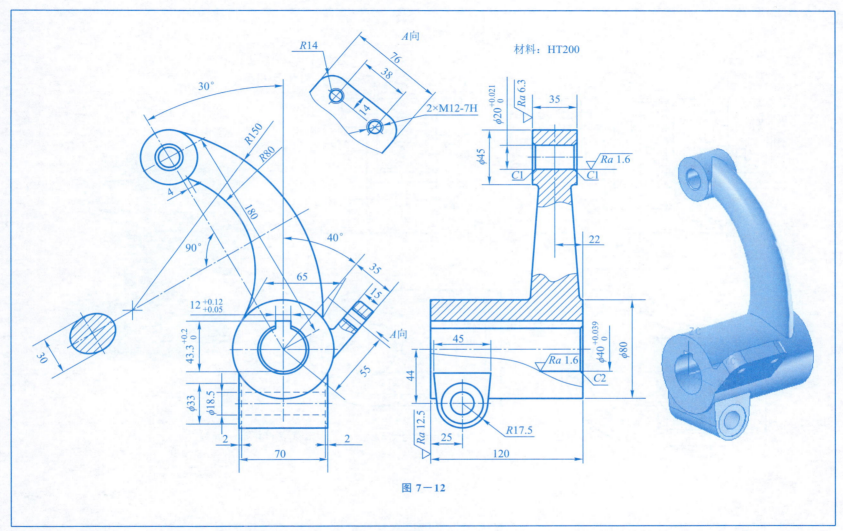

图 7-12

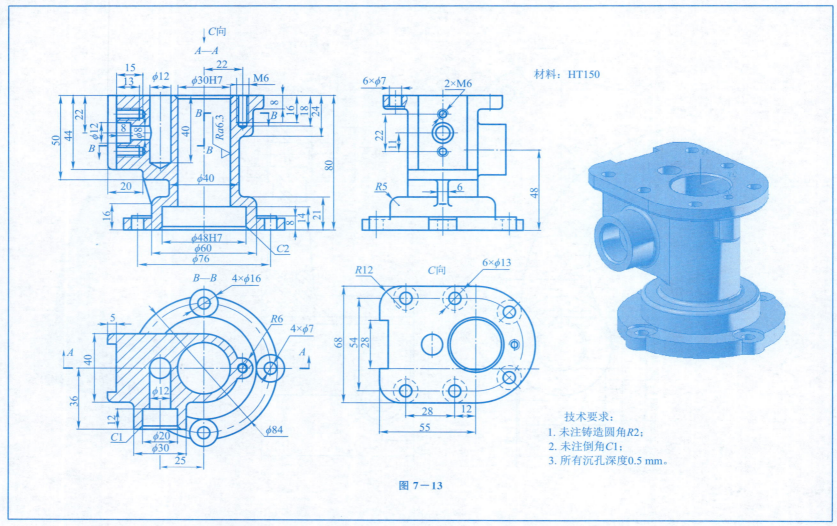

图 7—13

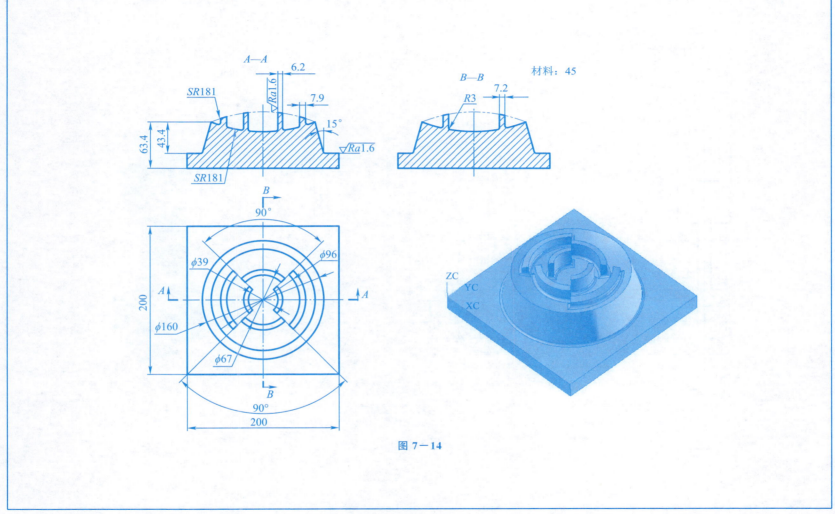

图 7-14

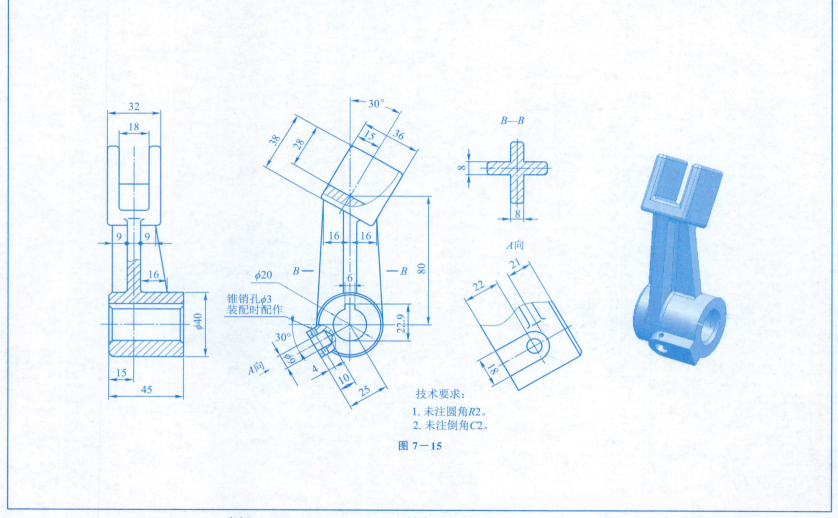

图 7—15

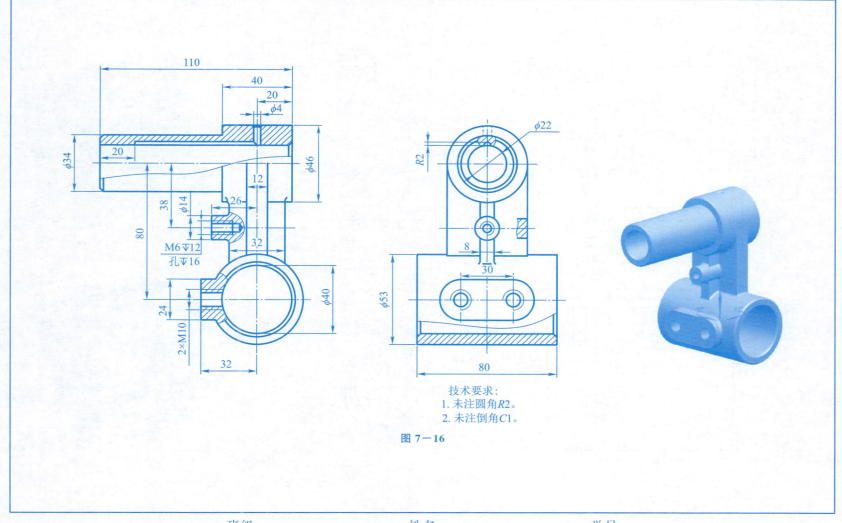

技术要求:
1. 未注圆角R2。
2. 未注倒角C1。

图 7—16

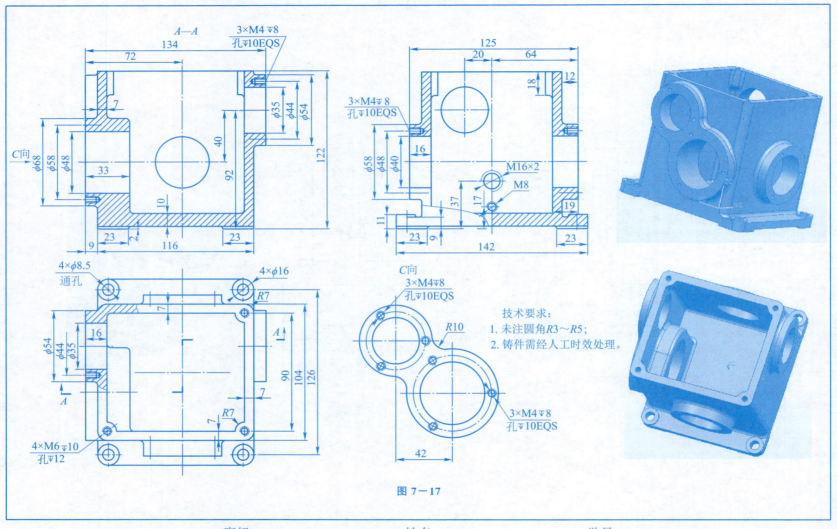

图 7-17

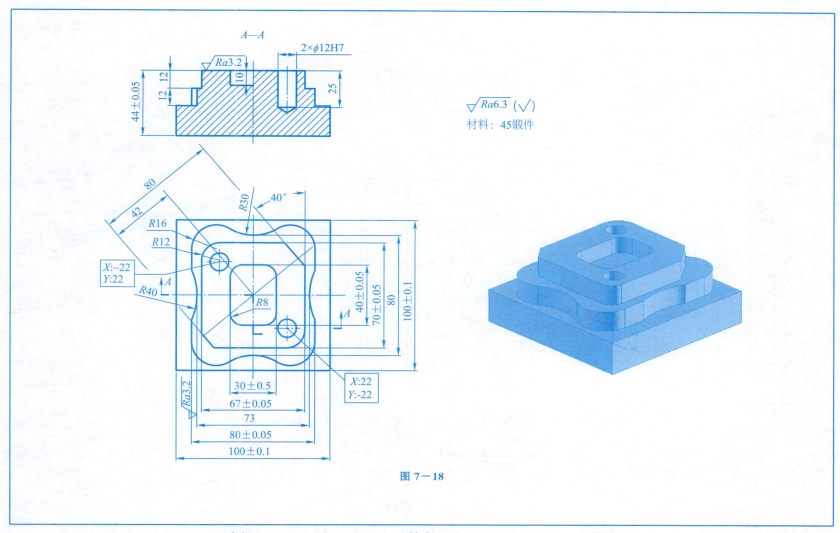

图 7−18

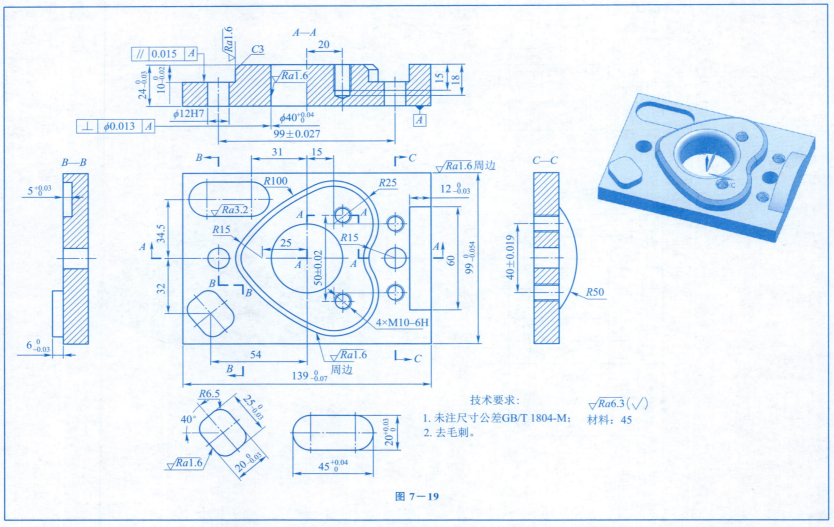

图 7-19

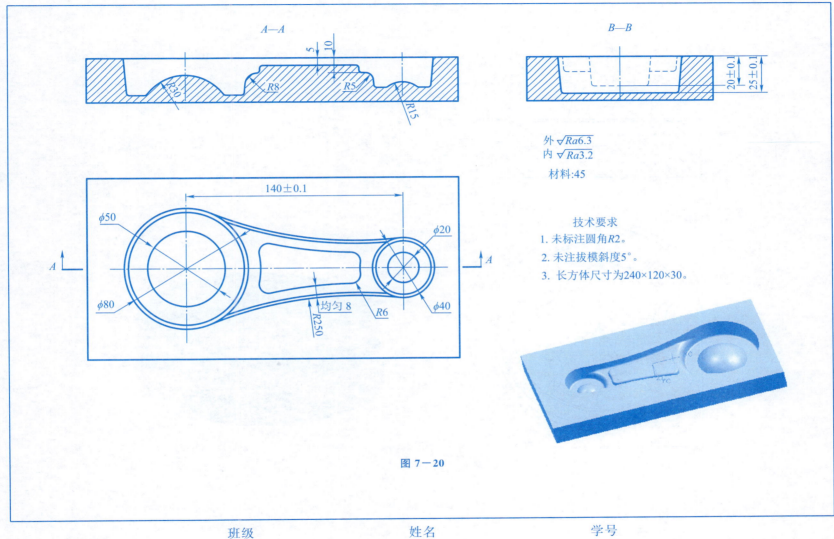

图 7-20

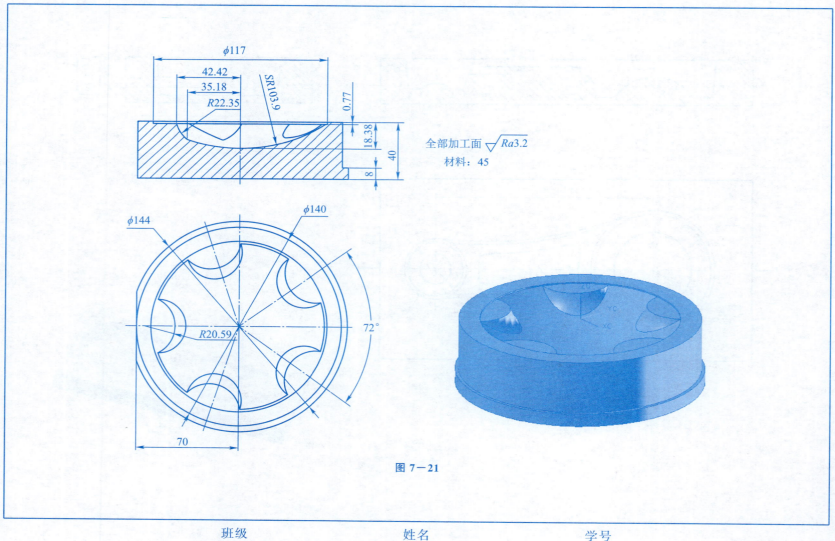

图 7-21

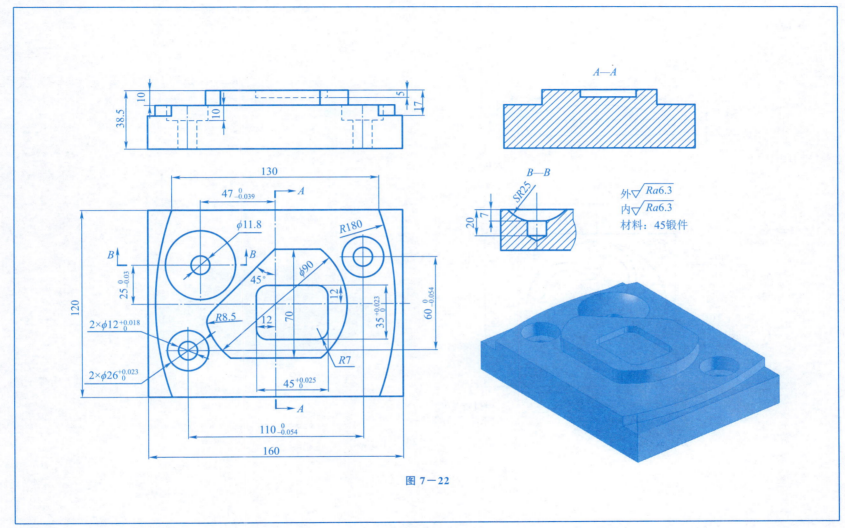

图 7—22

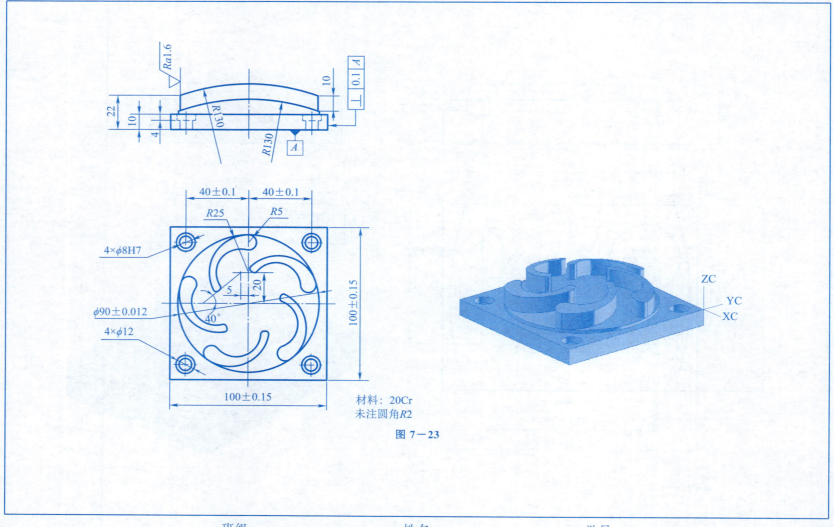

图 7-23